太赫兹行波管高频电路及其微制造技术

马天军　编著

北京航空航天大学出版社

内 容 简 介

本书主要介绍了太赫兹辐射源之一的真空电子器件行波管在太赫兹频段下,其高频互作用电路的 MEMS 微纳制造方法,主要频段包括 0.1 THz、0.22 THz、0.3 THz 和 1.03 THz,根据不同频段的折叠波导制备的特点,分别介绍了超精密电火花线切割技术、LIGA 技术、UV-LIGA技术和 DRIE 技术的制备方法和过程,所尝试的工艺主要包括嵌丝形成电子注通孔,光刻胶形成折叠波导蛇形线,微纳米级晶粒的精密微细电铸,SOI 深硅刻蚀等,并通过实验验证对这些工艺技术进行了总结。

本书可作为从事物理电子学、电子信息工程专业的教师、学生以及从事太赫兹真空电子器件研发的工程技术人员的参考书籍。

图书在版编目(CIP)数据

太赫兹行波管高频电路及其微制造技术 / 马天军编
著. -- 北京 : 北京航空航天大学出版社,2024.1
ISBN 978 - 7 - 5124 - 4359 - 4

Ⅰ. ①太… Ⅱ. ①马… Ⅲ. ①高频—电子电路 Ⅳ.
①TN710.6

中国国家版本馆 CIP 数据核字(2024)第 046129 号

太赫兹行波管高频电路及其微制造技术

马天军 编著
策划编辑 蔡 喆 责任编辑 蔡 喆

*

北京航空航天大学出版社出版发行

北京市海淀区学院路 37 号(邮编 100191) http://www.buaapress.com.cn
发行部电话:(010)82317024 传真:(010)82328026
读者信箱:goodtextbook@126.com 邮购电话:(010)82316936
北京富资园科技发展有限公司印装 各地书店经销

*

开本:710×1 000 1/16 印张:8 字数:170 千字
2024 年 3 月第 1 版 2024 年 3 月第 1 次印刷 印数:500 册
ISBN 978 - 7 - 5124 - 4359 - 4 定价:39.00 元

前　言

　　行波管是一种重要的真空电子器件,具有功率大、频带宽等优点,在电子对抗、雷达和卫星通信等方面发挥重要的应用。新型折叠波导高频结构是目前行波管向太赫兹频段发展所采用的主要高频互作用系统。随着频段的提高,折叠波导高频系统的尺寸越来越小,精度要求越来越高,须采用微细制造方法来实现。基于真空电子器件的太赫兹辐射源由于大功率和抗辐照等特点,正在成为太赫兹源研究领域的热点。

　　本书着重对 0.1 THz、0.22 THz、0.3 THz 和 1.03 THz 折叠波导高频结构及其微细制造方法进行阐述。对于 0.1 THz 折叠波导采用超精密电火花线切割技术和 LIGA 技术来进行制造;对于 0.22 THz 折叠波导及其集成级联结构采用 UV-LIGA 技术来制造;对于 0.3 THz 折叠波导则采用 LIGA 工艺来制造;对于 1.03 THz 折叠波导高频结构采用 DRIE 技术来制造。针对不同的制造方法,分别设计了具体的实施方案。

　　本书介绍的微细制造工艺过程中的关键工艺技术,主要包括:制备折叠波导高频结构的嵌丝式 LIGA 和 UV-LIGA 工艺,用嵌丝形成电子注通孔,用光刻工艺制备折叠波导蛇形线,两者的结合解决了折叠波导制备的难点;深度精密微细电铸工艺,包括电铸液的配方、添加剂的使用,数控双脉冲多向电铸电源的参数优化等,实现了微纳米级晶粒的电铸;集成级联折叠波导高频结构的制备方法,通过级联掩膜、专用模夹具和拉力的限定等来制备集成级联折叠波导;对 SU8 光刻胶去除工艺和 DRIE 技术进行了总结。

本书的完成得到了栗振超、薛宁、孙建海、郝保良、李飞、程建群、段亚凡李娜、刘英豪几位老师和同学的大力支持,其中栗振超参与了第 6 章的编写,薛宁、孙建海参与了第 5 章的编写,程建群、段亚凡参与了第 4 章的编写,郝保良、李飞参与了第 3 章的编写、李娜和刘英豪参与了第 7 章的编写和相关绘图工作,还得到了中国航天科工集团第二研究院二〇三所程春悦研究员的支持,得到了中国科学院高能物理研究所伊福廷研究员和张菊芳副研究员的支持。

本书的编写和出版得到了中科院空天院、泉州信息工程学院、泉州师范学院等单位的大力支持,一并表示感谢。

本书由于作者水平有限,书中如有欠妥之处,敬请读者不吝赐教!

作　者

2023 年 11 月

目　录

第 **1** 章　概　述

太赫兹(THz)频段位于电磁波谱从毫米波到红外线之间的区域(0.1~10 THz)，正好处于宏观电子学向微观光子学过渡的频域,处于极为重要的交叉前沿领域,具备一系列独特的性质。由于传统的电子学器件和基于能级跃迁的光子学器件都难以在此频段有效产生电磁辐射,导致了电磁频谱上所谓的太赫兹"空白",使太赫兹频段成为一段亟待充分开发的电磁频谱,如图 1.1 所示。

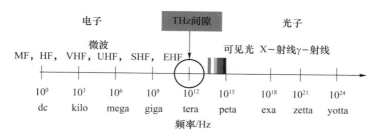

图 1.1　太赫兹频域位置示意图

太赫兹科学技术在电子、信息、生命、国防、航天等领域蕴含着巨大的应用前景,其潜在的应用包括:国家安全和反恐、电子对抗和雷达制导、高数据率通信、高分辨率雷达成像、隐藏物体探测、反隐身、深空探测、医学诊断和材料研究等。目前制约太赫兹科学技术发展的主要瓶颈在于缺乏可用的太赫兹辐射源。经过 20 多年的发展,基于不同的应用已经发展出多种 THz 源,总体上可以划分为电子学源和光子学源,如图 1.2 所示。目前光子学源已经大量应用于 THz 光谱学和成像,作为一种极有应用前景的工具诊断各种半导体和生物分子等材料的特性;而电子学源的功率水平通常高于光子学源几个数量级,在某些特殊领域,例如远程无线高速通信、高分辨率成像和探测、高温特殊材料处理等,THz 电子学源的价值是低功率的光子学源所不可比拟的。

作为大功率电子学太赫兹源的真空电子器件,在微波和毫米波段已广泛应用于雷达、电子对抗、卫星通信、广播电视和加速器等领域[1],是当代国防装备和国民经济各部门都在广泛使用的一种重要的电子器件。在太赫兹频段,以折叠波导行波管、扩展互作用器件和回旋管为代表的新型真空电子器件正在得到蓬勃的发展。

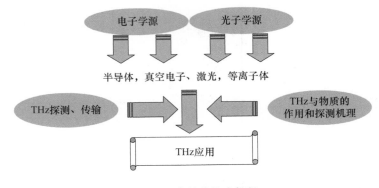

图 1.2　太赫兹技术框架

真空电子器件的历史可以追溯到 1904 年 Fleming 利用爱迪生效应制成的第一个电子管,也就是真空二极管,而后 1906 年 Forest 发明了真空三极管,这是人类历史上的第一个电子信号放大器,这是 20 世纪人类历史上最重大的发明之一,在电子学发展史中具有划时代的意义,大大推动了电子技术以及信息技术的发展。1924 年 Hull 发明了磁控管,作为雷达系统的发射源应用于国防领域。国防科技的发展,又推动了真空电子器件的迅速发展,1937 年 Varian 兄弟发明了速调管,1943 年 Kompfner 发明了行波管,使雷达、电子对抗和通信的性能进一步改善,之后逐渐应用于卫星通信中,并在第二次世界大战中发挥了重要作用[2]。到 20 世纪 70 年代,半导体固态器件取代了小功率微波真空器件,真空电子器件的发展步入缓慢区,不少人认为固态器件完全替代真空电子器件只是时间问题。然而,到了 80 年代,许多国家发现,半导体器件的结构和工作原理决定了它在功率和频率的发展上受到限制,晶格内的电子远不如真空中电子的快速、灵活,这限制了其在高功率和高频率下的应用。而真空器件的基本特点决定了它的优势:(1)电子在真空中可以被加速到接近光速,因而具有很快的转换功能;(2)电子可以工作在很高的电压和电流条件下,因而可以获得很高的功率输出;(3)电子在真空中的速度可控,通过收集极可以回收,因而可以获得很高的效率;(4)电子在真空中的运动方向和位置可以通过电磁场加以控制,因而可以实现信号的放大、振荡等功能[3]。这些特点都是半导体固态器件所无法实现的。特别是 20 世纪 90 年代初的海湾战争,使真空电子器件的优势得到充分体现,世界各国又重新评估了电真空器件的发展,并一致认为这是极为重要的军事电子器件,应加强对其研发的投资和强度。美国国防部提出:真空电子器件在 21 世纪仍然具有活力,是极为重要的军事电子器件,应加强对其研究开发的投资强度。

真空电子器件主要包括行波管、速调管、磁控管和回旋管等。行波管主要是通过高频结构使电磁场与电子束同步,经过注-波互作用,电子将能量交给场,使信号得到放大;速调管是用电子注为媒介,利用电子渡越时间效应,以对电子的速度调制转成密度调制为基本理论基础,将电子注的直流能量转化为场的能量,从而达到放大信号的目的;磁控管是利用在相互垂直的恒定电场和磁场的控制下,电子与电磁场相互作用,将电子的直流位能转变为电磁波能量;回旋管的基本工作原理是电子回旋谐振脉塞不稳定性,利用过模互作用电路产生放大效应[4]。

真空电子器件的研制涉及电子光学、真空技术、数学、计算机科学、阴极电子学、电磁场理论、材料学、力学、机械与热分析等诸多学科,工艺十分繁杂[5]。所以,真空电子器件的发展依赖于相关科学理论的发展和技术的进步。历史的发展表明:任何一种有用的技术,都不会从根本上消亡,只会以新的形式、新的载体得到进一步的发展。真空电子技术是一门古老而又新兴的技术,它保留下来的一些成熟的技术是非常行之有效的,同时也随着设计、模拟、仿真、材料、结构以及工艺技术的改进以及性能和可靠性水平的提高而发展。

随着卫星有效载荷小型化技术、相控阵雷达和电子对抗等技术的发展,微波、毫米波、THz真空器件的地位日渐提高,以致使它成为突破或制约尖端技术的关键,已引起美国、日本、西欧等发达国家的极大关注[6]。早在1990年美国就把微波功率器件及其电路列为国家发展战略的核心技术,投入大量的人力、物力、财力制定计划并组织实施,并在1997年发布的《联合作战科学技术计划》中,把高频段真空电子器件作为核心元器件来研发。2007年美国DARPA(Defense Advanced Research Projects Agency)开始执行几项和太赫兹技术有关的发展计划,第一项是高频集成真空电子学计划(HiFIVE- High Frequency Integrated Vacuum Electronics),目标是研制0.22 THz,连续波功率为50W的放大器,并实现多个电子注与高频互作用结构的集成工作,主要应用于雷达探测和成像;第二项是太赫兹真空电子学计划(THzE- THz Electronics Program),目标是研制大于650 GHz,输出功率大于170 mW的真空电子器件,主要应用于太赫兹成像,发展太赫兹关键元器件,从而实现高速保密通信,隐蔽武器的探测,飞机防撞装置,以及高分辨率雷达成像等。在这些计划中,详细的规划了研究的目标、指标、技术路线以及需要解决的关键问题等。

1.1　行波管概述

在真空电子器件的大家族中,用途最为广泛的是行波管放大器,它是唯一能将大功率与宽频带有效结合的真空电子器件,所以在军事和民用中都得到了广泛的应用。行波管(Travel Wave Tube)由英国一名热爱物理的建筑师 Kompfner 在

1943年发明,同年,他在伯明翰大学阐明行波放大的原理。1946年11月他的发明第一次在《无线电世界》(Wireless World)上报道,它的最大特点是有很宽的频带宽度,但其性能还不稳定,增益只有十几个dB,与行波管的实际应用还有很大一段距离。1947年J.R.Pirce建立了完整的行波管小信号理论[7],根据该理论,在行波管的适当位置加入一个集中衰减器,有效抑制了从输出端反射回来的电磁波回到输入端形成的正反馈,提高了管子的稳定性,其增益达到30 dB[8],为行波管的实际应用开辟了道路。第一批付之使用的行波管是由标准电话和电缆公司的Rogers制成,并被用在曼彻斯特到爱丁堡邮局的中继系统中,向英国广播公司发射馈送信号。早期的Rogers行波管,其中心频率为4 000 MHz,20%的带宽内给出约2 W的功率和25 dB的增益。此后,行波管发展到能给出连续波千瓦级和脉冲兆瓦级的功率,从1 m到1 mm各个领域得到了广泛的应用。行波管有如此广泛的应用,主要是由于在任何给定的频率和功率电平下,它都比任何竞争者有宽得多的频带,美国国防部电子器件领导小组预测在21世纪军事电子装备需求的大功率真空器件中,行波管都将占有很大的份额。

行波管主要由五部分构成,如图1.3所示,主要包括电子枪、磁聚焦系统、高频结构、输入输出装置和收集极[9]。

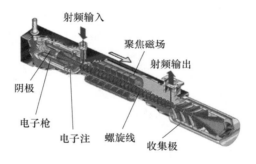

图1.3　行波管结构示意图

(1)电子枪

通过静电聚焦方式,合理设计阴极、聚焦极和阳极的几何尺寸,压缩热阴极产生的电子群,产生具有一定形状和电流强度的电子注,并加速到一定速度以便和慢波线上的电磁场进行能量交换。

(2)磁聚焦系统

采用磁场力抵消电子注自身的空间电荷斥力,约束电子注使其顺利通过高频系统而不被截获,同时可以通过调解聚焦系统的磁场分布,影响电子注的包络以获得更有利的互作用条件,对于中小功率行波管通常采用周期永磁聚焦。

(3)高频结构

电子注与电磁波进行能量交换必须满足同步条件,即电子注的速度与电磁波的相速度接近。由于电磁波以光速传播,根据相对论,电子束不可能被加速到这一速度的极限,所以可行的办法是使电磁波的传播速度降下来。电子束在电磁场中运动时,大部分粒子处于减速场,释放并转化为电磁场的能量,从而实现电磁波的放大。在高频结构中间一般设置有一个或两个集中衰减器,它们强烈地抑制返向波而对前向波的互作用效率影响却很小,因此可以保证行波管既有较高的增益又有稳定的前向波放大。

（4）输入输出装置

其作用是在输入端将外部高频信号耦合到高频系统上和在输出端将放大信号的能量耦合出去。一般在频率较低或功率较小或要求工作带宽较宽时采用同轴结构,在毫米波则多采用波导结构,以降低插入损耗,增加功率容量。

（5）收集极

用来收集已经和电磁场能量交换完毕的电子。由于这时电子仍然有很高的速度,打到收集极上时将转化为热量,因此热耗散是收集极设计中的一个重要问题。为了提高效率,行波管经常采用多级降压收集极,实现电子的"软着陆"。这里,收集极的二次电子发射对收集效率具有重要的影响[10]。

1.2　行波管主要高频结构

根据行波管的基本结构可以知道,行波管是依靠和电磁波同步的电子注-波互作用而把能量交给电磁波实现放大的。为了保证电子注与电磁波的有效相互作用,两个条件必须保证:第一,电子注速度与波的相速同步;第二,在电子注速度方向上,波场一般必须有纵向分量,而且此纵向分量在电子注通过的地方越强越好。周期性的高频系统可以提供一个电磁场相速度小于光速的结构,这类周期性的高频结构称为高频结构[11],是行波管中重要的关键部件。

高频结构是行波管的核心部件,其性能直接决定着行波管的技术水平,因此行波管通常以高频结构的形式来命名,行波管可分为四大类:螺旋线行波管、耦合腔行波管、梯形线行波管和折叠波导行波管[12]。行波管高频结构的主要类型如下:

1) 螺旋线高频结构

螺旋线类型的行波管是研究最早、应用最多的一类行波管,其高频结构如图 1.4 所示,具有以下几个优点:①结构简单,易于制造和装配;②工作频带宽及电压低;③效率高及良好的线性指标特性;④增益可以做到较高。螺旋线高频结构也有两大缺点:①功率容量小,主要因为螺旋线高频结构的特点导致其散热能力有限,螺旋线容易被脉冲打火电流烧断;②工作频率低,主要是因为器件尺寸与频率的共度效应,频率升高螺旋线高频结构的尺寸缩小,当频率升高到一定频段时(比如 V 频段 60 GHz 以上），传统机械绕制方式就很难绕制小直径、螺距小的螺旋线。

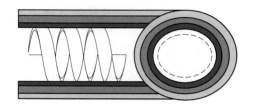

图 1.4　螺旋线高频结构

2）耦合腔高频结构

耦合腔是另外一种常见的高频结构，在搜索雷达和早期毫米波卫星通信中使用较多。典型的是休斯结构的单开槽和双开槽结构，如图 1.5 所示。主要是在谐振腔之间开槽，腔和腔之间的电磁场互相耦合，若干个腔组成慢电磁行波结构。耦合腔行波管的优点是：①功率高，主要是因为采用了全金属结构，热容量和散热能力大幅提升，平均功率最高可达到百千瓦量级。②可以做到相对较高的频段，比如 Ka，V 和 W 频段。耦合腔行波管的缺点是：①带宽窄，由于采用谐振腔的方式，频带宽度低于 20%；②工作电压高，主要是因为耦合腔结构的工作点通常选在负一次空间谐波处，电压高；③制造、装配难度大，主要是因为几百个尺寸很小，精度要求高的腔片，按照一定的方位装配在一条轴线上，装配精度要求高，成品率低[13-15]。

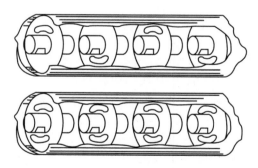

图 1.5　单、双孔耦合腔高频结构

3）梯形线高频结构

梯形线高频结构最早由美国瓦里安公司提出，如图 1.6 所示。它的主要优点是制造简单，容易实现高精度，只需要在一块铜板上制造出许多矩形的耦合槽，形成梯形结构即可[16-18]。在梯形结构顶端处开有矩形的耦合槽，做电子注通道，然后把相同的两个部件焊接在一起，盖上两组件，就构成一个完整的梯形线高频结构。虽然单管增益比起休斯类结构及曲折槽波导差些，但简单的结构和较低的成本使得梯形线高频结构还是具有很强的竞争力。

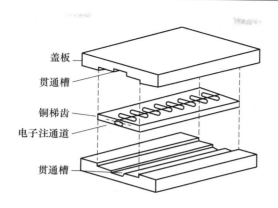

图 1.6　梯形线高频结构

4）折叠波导高频结构

折叠波导（FWG -Folded Waveguide）高频结构是一种全金属周期加载的波导[19]，如图 1.7 所示，折叠波导高频结构一般采用电场面弯曲波导构成，沿轴线方向按一定周期排列，折叠波导由于是全金属结构，散热能力强，没有介质的支撑和夹持，结构整体性好、坚固；相对于其他高频结构，折叠波导具有较弱的色散；高频传输损耗小；耦合匹配容易。这些优点使折叠波导成为一种非常有发展潜力的高频结构，引起了国内外学者的广泛关注，以折叠波导高频结构为核心的微型折叠波导行波管很有潜力成为工作在毫米波甚至太赫兹频域的一种大功率、小型辐射源，在军事电子系统以及宽带毫米波通信等领域具有很好的应用前景。

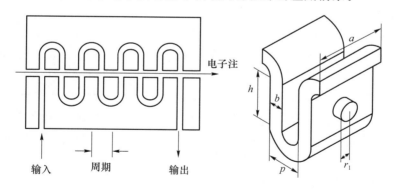

图 1.7　折叠波导高频结构

1.3　行波管的发展趋势

行波管的发明至今已有 70 多年的历史，基本理论和原理得到了充分的验证，由于它的优良特性,在电子对抗、雷达制导、通信等领域得到了广泛的应用,促进了这些领域的发展,同时,这些应用在其自身的发展过程中又对行波管提出了新的要求,也促进了行波管的发展。总体上,行波管的发展方向正在朝如下的三个方面发展:

(1)向高频段方向发展

行波管频率的应用正在逐渐扩展到毫米波(40～100 GHz)甚至太赫兹频域(0.1～10 THz)。毫米波以及太赫兹介于微波与光波之间,具有频带宽、波束窄、全天候和小型化等优点,因此具有非常广泛的应用前景[20]。太赫兹技术是目前真空电子器件发展的热点之一,太赫兹频率介于毫米波和远红外之间,近几年,太赫兹技术引起了国际上广泛的关注,与科学和工业应用相关的研究工作也得到了迅速的发展。如果应用高于 0.3 THz 频率的载波,10%带宽的放大器,能够实现高安全保护下的大于 1OGb/s 的高速率无线传输,这不仅在民用通信还是在国土防空以及瞬息万变的战场上都具有极大的发展前景。

然而,由于多种技术原因,特别是 THz 波辐射源的问题未能很好地解决,太赫兹科学技术的发展受到很大的限制,从而使其应用潜能还未能充分发挥出来。目前充分开发太赫兹频段的最大的障碍是:缺乏一种小型化、大功率的辐射源,它应当是高功率、高能量、高效率且能在室温下稳定运转、宽带可调的 THz 辐射源。针对这种情况,多种产生太赫兹辐射的方法被提出,主要有半导体辐射源,光子学辐射源和真空电子学辐射源,THz 辐射源的实现已经成为 21 世纪科研工作者追求的目标和迫切需要解决的实际问题[21]。

半导体 THz 源具有小巧、价格低廉和频率可调的特点,但在这类技术的 THz 源中,大部分需要器件的制冷,无法在室温下运行,极大的限制它的应用;基于光子学的 THz 发生器转换效率较低,太赫兹光束的平均功率只有微瓦级,很难实用化。而基于真空电子学的 THz 辐射源,利用真空中电子与电磁波进行快速能量转换,可以获得很高的效率及带宽[22],实用化及应用前景很好,特别是,行波管太赫兹辐射源由于具有功率高、频带宽、体积小、易集成和抗辐照等特点,正在成为太赫兹源研究的热点,因而受到了极大的重视。

(2)向微型化方向发展

随着工作频率的提高,器件的结构尺寸显著减少,太赫兹频段时,高频结构的尺寸由毫米量级减小到微米量级,这也是迫使行波管向微型化方向发展,在微型化的过程中主要受限于如下的三个方面:第一,可实用化的微细制造方法的应用。传统的机械制造、电制造或者激光制造等方法,无论在制造精度还是光洁度方面都很难实现微米量级的制造,必须采用新的制造方法或者将微电子领域的制造方法经过拓展应用于真空电子器件的制备中。近期发展的微细制造技术可以应用在真空电子学领域,不但为微波真空电子器件的发展提供了诸多的崭新的令人激动的发展前景,也为微波真空电子器件的发展开辟了新的应用。第二,微型场致发射阴极的研制。场致发射阵列阴极,具有瞬时启动,工作电压低、无阴极热损耗、电流密度大、可以直接栅极调制以及集成度高等优点。采用碳纳米管制备的冷阴极在 THz 频段具有极大的应用潜力,尽管其在电流密度、总电流、寿命以及稳定性方面还面临诸多的挑战,但在小型化和电子枪系统结构简易化方面来说具有很大的优势。第三,微组装、微装配技术的开发。高频结构的尺寸减小、阴极的减小、收集极以及磁钢等组成部件的尺寸均减小,这给后续的组装和装配技术提出了挑战,手工装配已经无法胜任这项工作[23,24]。

（3）向集成化方向发展

所谓的集成化指的是传统行波管向高频段（亚毫米波和太赫兹频段）发展时,为了突破其瓶颈科学问题和关键技术,在电子注与高频系统的工作机理和机制、设计方法、微制造技术等方面进行创新所衍生出的新研究方向。其含义有两个层面:第一个层面是借鉴集成化电路的概念和方法,通过采用微米级至纳米级高精度的微制造技术,制作出微型化的行波管关键部件,利用微组装工艺将多个微型真空电子器件集成到一个芯片或组件上,形成高频功率片上系统（RFPSOC）;另一个层面是将多个行波管或多个高频结构通过级联的方式集成在一起,使得功率、效率等得到提高。

总体上,行波管的发展趋势正在向高频段,微型化和集成化的方向发展,同时要求高效率、高功率、带宽大等。为了实现这些要求,目前主要进行如下两方面的研究:

（1）可用于高频段的高频结构

螺旋线高频结构只能用到八毫米波段,高频段时,由于螺旋线的横向尺寸非常小,散热困难,其功率容量受限[25,26];耦合腔高频结构的工作带宽比较窄,大功率时带宽只有 10% 左右,高频段时,腔体尺寸小,制造和装配困难,成品率低;折叠波导高频结构由于可以实现大功率容量及良好的宽带性能,是近年来随着频段的提高而兴起的,是目前行波管研究的热点,也是一个重要的发展方向[27,28]。

（2）可实用化的微细制造制造技术

行波管在向高频段发展时,由于器件的结构尺寸与工作波长具有共度的关系,随着工作频率的提高,器件的结构尺寸显著减少。当太赫兹频段时,高频结构的尺寸由毫米量级减小到微米量级甚至纳米量级。比如 0.22 THz 的折叠波导行波管,其束流通道尺寸半径减小到 $80 \sim 90 \ \mu m$ 之间,折叠波导的窄边宽度约 $100 \ \mu m$,厚度 $810 \ \mu m$,长度 60 mm,细长电子注长径比为 375。因此注-波互作用系统的高频结构制造难度显著提高,采用传统的机械制造、电制造或者激光制造等方法,无论在制造精度还是光洁度方面都无法保证,折叠波导高频结构可实用化的微细制造制备技术已经成为制约高频段行波管研发的关键问题和共性瓶颈技术。

1.4　折叠波导高频结构的国内外研究现状

最早对折叠波导进行报道的是斯坦福大学的 J. K. Waterman[29],他于 1979 年发表了折叠波导的论述,随后引起了折叠波导的研究热潮。在国外,对折叠波导的研究主要集中在以下几个机构,美国海军实验室,Northrop Grumman 公司、L3 公司、Calabazas Creek Research (CCR) 公司、韩国首尔大学、美国威斯康星大学等。

Northrop Grumman 公司,1987 年,采用矩形折叠波导作为行波管的高频结构,在 40～54 GHz 频率范围内获得了微波能量放大[30]。1997 年,使用折叠波导高频结构,在 40～50 GHz 的频率范围内获得了 135～180 W 的平均输出功率,增益达到了 30 dB。2002 年,使用折叠波导高频结构,研究了小型化、周期永磁聚焦的 W 波段折叠波导行波管,在 90～100 GHz 频带内获得了 50～100 W 的连续波功率输出[31]。2009 年,采用 LIGA 技术制造了 0.22 THz 的折叠波导高频结构,如图 1.8 所示。2010 年,使用折叠波导高频结构,开始研制 650 GHz 太赫兹源。

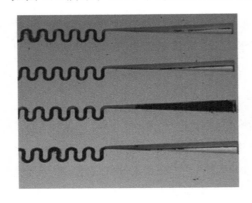
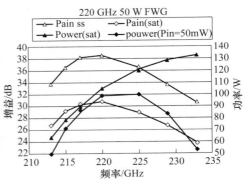

图 1.8　0.22 THz 折叠波导结构实物图及模拟结果

美国 L3 公司,使用折叠波导高频结构,研究了整体极靴式的折叠波导行波管,作为机载雷达的功率源。1993 年,制造了 Ka 波段行波管,平均功率大于 250 W,带宽为 350 MHz[32]。2007 年,使用折叠波导高频结构,设计了 W 波段行波管,中心频率 91 GHz 时,总效率达到 15%。2009 年,制造了 W 波段整体极靴式折叠波导行波管,如图 1.9 所示,在 90.6～91.4 GHz 频率范围内,有 200～300 W 的功率输出[33,34]。

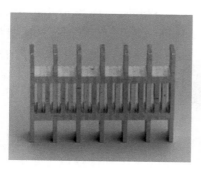

图 1.9　W 波段整体极靴式折叠波导实物制造图和整管

　　韩国首尔国立大学的 G. S. Park 等人,1998 年开始,使用折叠波导高频结构,在理论研究和实验制造方面,对折叠波导行波管进行了深入研究[35,36]。2005 年,研制了 Ka 波段折叠波导行波管放大器,如图 1.10 所示。2007 年,采用两步 LIGA 技术制造了 95 GHz 折叠波导返波振荡器,如图 1.11 所示[37]。

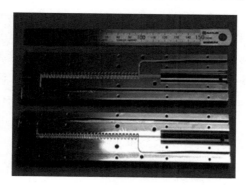

图 1.10　Ka 波段折叠波导高频结构

图 1.11　W 波段折叠波导高频结构

美国海军实验室联合威斯康星大学、空间研究所,对折叠波导高频结构进行了深入研究,频段提高到了太赫兹波段。2004 年,他们提出了带有延迟反馈放大的折叠波导高频结构振荡器概念,模拟了 560 GHz 振荡器。在折叠波导微细制造技术方面,他们开展了利用 SU8 光刻胶的 UV-LIGA 技术,以及以 PMMA 为光刻胶的 X 射线 LIGA 技术,溅射镀膜技术和深反应离子刻蚀 DRIE 技术等制造折叠波导高频结构[38]。

美国 Calabazas Creek Research (CCR)研究中心于 2003 年对折叠波导高频结构的微细制造技术开展了深入的研究,利用 LIGA 技术和微细电火花 EDM 切割技术制造 0.1 THz 的折叠波导高频结构。在采用 EDM 制造过程中,为了解决电子注通道的难制造问题,他们改用一段宽度接近于通道直径的空隙来代替圆柱形状电子注通道。2006 年,他们与威斯康星大学合作,采用 MEMS 技术制造折叠高频结构,用于微型行波管的研究[39-41]。

近几年,随着功率、效率以及空间载荷对体积和重量等的苛刻要求,出现了新型级联折叠波导高频结构,如图 1.12 所示。这种新型多注级联折叠波导慢波线不仅具有优越的放大特性,而且大大地缓解了传统行波管缩尺限制、体积、重量、增益、功率和效率的问题。在太赫兹频段,电子束通道直径要远低于 200 μm,对于单注电子束,具有 40 dB 饱和增益和约 20% 带宽要求的 0.22 THz 放大器,互作用电路的长度至少需要 5cm。这样长度的互作用电路严重的电子束截获是不可避免的,致使电路的放大特性无法实现。新型多注级联的互作用电路是克服这一技术障碍的有效方法,引起了各研究机构的重视[42]。

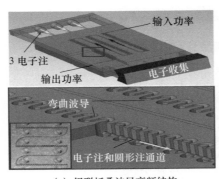

(a) 级联折叠波导高频结构

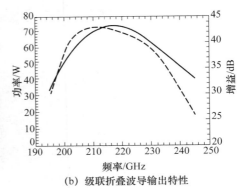

(b) 级联折叠波导输出特性

图 1.12　级联折叠波导

总体上,折叠波导高频结构的研究趋势主要是频率不断提高,向亚毫米波和太赫兹频段发展,器件的尺度越来越小,电子注通道越来越小,功率逐渐增大,逐渐向微型化、集成化方向发展,制造方法逐渐由传统制造向以微电子领域中 MEMS 为代表的微细制造方法转变。

在国内,前些年,一方面由于我们的真空电子技术基础较弱、起步较晚,另一方面由于发达国家严格限制甚至封锁对我国的高科技出口,受限于高频段信号源、先进材料、先进制造设备以及先进的制造方法等,国内真空电子科研生产机构主要进行了 L、X、Ku、Ka 波段真空电子放大器的研制工作,取得了很大的进步,完成了很多型号任务,为真空电子元器件的国产化做出了很大的贡献,但对于高频段真空电子器件的研制投入的较少。

随着国防科技工业的不断进步,近几年,国内的科研生产机构开始关注高频段真空电子器件和太赫兹真空电子器件。对折叠波导高频结构的研究主要集中在中电 12 所、电子科技大学和中科院电子所。2009 年,中电 12 所报道了研制成功的国内首只 W 波段折叠波导行波管,如图 1.13(a)所示,折叠波导高频结构利用精密电火花切割工艺制造而成[43],如图 1.13(b)所示。

(a) W波段折叠波导行波管　　　　　(b) 电火花制造的折叠波导高频结构

图 1.13　W 波段行波管

电子科技大学对折叠波导进行了大量的理论和实验工作。开展了 Ka 波段折叠波导行波管的研制[44,45],如图 1.14 所示。实现了在 34～37 GHz 频率范围内,平均输出功率大于 60 W。另外,在变周期折叠波导高频结构、光子晶体折叠波导高频结构、过模折叠波导高频结构等方面进行了大量的理论研究工作,并提出了一系列新型的折叠波导高频结构。

中科院电子所近年来开展了以折叠波导高频结构为核心的 W 波段 0.1 THz、G 波段 0.22 THz 和 J 波段 0.3 THz 折叠波导新型结构行波管的设计以及制造工艺技术的研究。制作的折叠波导高频结构的 W 波段 100 W 脉冲行波管,工作比 10% 时,动态流通率大于 90%,单频点上最大峰值功率 40 W,平均功率 3 W,带宽 2 GHz,如图 1.15 所示[46-50]。

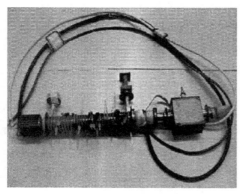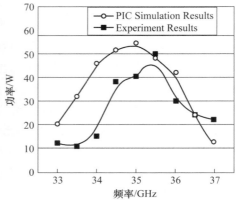

图 1.14　Ka 波段折叠波导高频结构行波管及测试结果

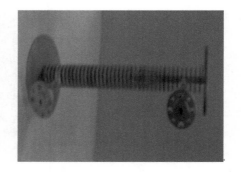

图 1.15　W 波段折叠波导高频结构行波管测试及结构图

经过几年的积累,国内的相关研究机构已经具备了研制高频段直至太赫兹真空电子器件的能力,相关的设计、仿真、模拟工作都已经开展起来,目前主要受限于高频段折叠波导高频结构的微细制造问题,这主要源于真空电子器件领域的科研人员对微电子半导体 MEMS 工艺了解不多,而微电子半导体 MEMS 工艺科研人员对真空电子器件高频结构制备的非硅基标准化工艺的特殊性又认识不足,导致研制进程受到了很大的影响。因而,开展以微电子半导体 MEMS 工艺为主制造制备高频段折叠波导高频结构互作用结构的微细制造工艺的关键技术研究已经非常迫切,该项技术既处于前沿领域又属于应用基础研究。对于提升我国真空电子器件的研制水平,抢占未来信息化技术的制高点,以及推动通信和国防装备的升级,增强综合国力等方面具有重要意义。

正是基于折叠波导高频结构制造技术的重要性,本学位论文以 W 波段 0.1 THz、G 波段 0.22 THz 和 J 波段 0.3 THz 行波管折叠波导高频结构为选题,开展其微细制造工艺技术的研究。对于 W 波段 0.1 THz 折叠波导高频结构,由于其结构尺寸相对较大,主要开展精密数控慢走丝线切割机和 LIGA 制造工艺技术的研究;对于 G 波段 0.22 THz 折叠波导高频结构及其集成结构主要开展 UV-LIGA 技术制备工艺的研究;而对于 J 波段 0.3 THz 折叠波导高频结构,主要研究采用 LIGA 技术的工艺制造,重点关注工艺方法、工艺过程及工艺的关键技术等方面。

参考文献

[1] 刘盛纲.微波电子学导论[M].北京:国防工业出版社,1985.

[2] 吴鸿适.微波电子学原理[M].北京:科学出版社,1987.

[3] 杨祥林.微波器件原理[M].北京:电子工业出版社,1994.

[4] 廖复疆.真空电子技术:信息化武器装备的心脏[M].北京:国防工业出版社,2008.

[5] 冯进军,廖复疆,朱敏等.大功率微波电真空器件技术国防科技重点实验室 2005 年学术会议论文集[C],2005 年 12 月.

[6] 黄明光,郝保良,刘濮鲲.螺旋线高频慢波系统损耗计算的探讨[C].//中国电子学会真空电子学分会第十七届学术年会暨军用微波管研讨会论文集[C].2009:113 - 116.

[7] 瞿波,冯进军.高效率毫米波行波管[C].//北京真空电子技术研究所.真空电子技术—毫米波器件技术专题.《真空电子技术》编辑部,2010:6.

[8] 姚建铨.基于光子、光子学及非线性光学的太赫兹(THz)辐射源[C],中国电子学会太赫兹专家委员会成立大会暨第一次学术会议,北京,2006.

[9] 刘顺康.耦合腔行波管慢波结构的工作模式及其特性[J].真空电子技术,1994(01):17 - 21.

[10] 王文祥,余国芬,宫玉彬等.行波管高频系统的新进展—全金属高频结构[J].真空电子技术,1995,37(5):30 - 37.

[11] 王文祥,宫玉彬,魏彦玉等.大功率行波管新型慢波线技术的进展[J].真空电子技术,2002(06):15 - 20.

[12] 石星.毫米波雷达的应用和发展[J].电讯技术,2006,046(001):1 - 9.

[13] 刘盛纲.太赫兹科学技术的新发展[J].中国基础科学,2006(1):7 - 12.

[14] 肖刘,苏小保,刘濮鲲.螺旋带色散特性和耦合阻抗的精确计算[J].电子与信息学报,2007(03):751 - 755.

[15] 郝保良,刘濮鲲,肖刘等.动态渐变技术螺旋线行波管三维非线性互作用的计算[J].真空科学与技术学报,2009,29(06):609 - 613.

[16] 郝保良,肖刘,刘濮鲲等.螺旋线行波管三维频域非线性注波互作用的计算[J].物理学报,2009,58(05):3118-3124.

[17] 宫玉彬,魏彦玉,黄民智等.新型高频系统毫米波行波管研究[J].微波学报,2010,26(S1):404-408.

[18] 冯进军,胡银富,蔡军等.W波段行波管发展评述[J].真空电子技术,2010,No.285(02):27-32.

[19] 刘燕文,韩勇,刘濮鲲等.螺旋线行波管慢波组件散热性能的研究进展[J].真空科学与技术学报,2011,31(04):424-434.

[20] 郝保良,黄明光,刘濮鲲等.理论分析毫米波螺旋线行波管慢波系统导体和介质损耗[J].电子与信息学报,2011,33(02):455-460.

[21] 马天军,郝保良,李飞,伊福廷,刘濮鲲.220 GHz折叠波导UV-LIGA微制造工艺[J].强激光与粒子束,2015,(02):9-13.

[22] 何俊.毫米波新型曲折波导行波管的研究[D].电子科技大学,2010.

[23] 许雄.正弦波导及其应用的研究[D].电子科技大学,2012.

[24] 沈飞.微带型高频结构的研究[D].电子科技大学,2012.

[25] 刘漾.新型角向周期加载圆波导行波管的研究[D].电子科技大学,2012.

[26] R. Kompner. The traveling wave valve, Wirel. World, 1946, 53:369.

[27] J. R. Pierce. Theory of the beam type traveling-wave tube. Proc. I. R. E. 1947, 35:111-123.

[28] J. R. Pierce, L. M. Field. Traveling wave tubes. Proc. I. R. E. 1947, 52:108-111.

[29] D. R. Whaley. Sixly-percent-efficient Miniature C-Band Vacuum Power Booster for the Microwave Power Module. IEEE Trans. On Plasma Science, 1998, 26(3):912-921.

[30] A. S. Gilmoure, Principles of Traveling wave tubes, London: Artech House, 1994, Cha. 14.

[31] C. Kory, L. Ives, M. Read, et al. W-band MEMS-based TWT development[C]. IEEE International Vacuum Electronics Conference, 2004:88-89.

[32] X. Xu, Y. Y. Wei, F. Shen, et al. Sine Waveguide for 0. 22THz Traveling-Wave-Tube[C]. IEEE Electron Device Letters, 2011, 32(8):1152-1154.

[33] John H. Booske, New Opportunities in vcuum Eleetornies through the Application of Microfabrication Technologies, IVEC2002, Caliofnria, USA, 2002.

[34]　M. K. Alaria, A. Bera, et al. Design and Development of Helix Slow-Wave Structure for Ku-Band TWT. IEEE Trans. Plasma Science, 2011, 39(1): 550 – 554.

[35]　J. K. Waterman. Folded-waveguide millimeter-wave circuit model: [Master's thesis]. California: Stanford University, 1979.

[36]　D. Gallagher, J. Richards, C. Armstrong. Millimeter-wave folded waveguide TWT development at Northrop Grumman. IEEE International Conference on Plasma Science, 1997,161.

[37]　D. Gallagher, J. Tucek, M. Converse, et al. Optimized Design of Folded Waveguide TWTs. Third IEEE International Vacuum Electron Conference, 2002, 46.

[38]　A. J. Theiss, D. B. Lyon, Y. Hiramatsu. An integral-polepiece folded-waveguide slow-wave circuit for high-power millimeter-wave TWTs. IEDM, 1993, 149 – 151.

[39]　J. T. Alan, C. J. Meadows, R. B. True. Experimental Investigation of a Novel Circuit for Millimeter-Wave TWTs. IEEE Trans. Electron Devices, 2007,54(5): 1054 – 1060.

[40]　A. J. Theiss, C. J. Meadows, R. Freeman, et al. High-average power W-band TWT development. IEEE Trans. Plasma Science, 2010, 38(6): 1239 – 1243.

[41]　H. J. Ha, S. S. Jungy, G. S. Park. Linear Theory of a Folded Waveguide Traveling-Wave Tube. Journal of the Korean Physical Society, 1999, 34(3): 297 – 300.

[42]　H. J. Ha, W. K. Han, G. S. Park. Nonlinear theory of folded waveguide TWT. International Vacuum Electronics Conference, 2000, 35.

[43]　J. K. So, Y. M. Shin, et al. Experimental Investigation of Micro-fabricated Folded Waveguide Backward Wave Oscillator for Submillimeter Application. The Joint 31st International Conference on IRMMW-THz, 2006, 315.

[44]　Colin D J, Jeffrey P C, , et al. UV-LIGA microfabrication of 220 GHz sheet beam amplifier gratings with SU-8 photoresists [J]. 2010 J. Micromech. Microeng. 20125016.

[45]　C. Kory, R. L. Ives, M. Read, et al. W-band MEMS-based TWT development. IEEE International Vacuum Electronics Conference, 2004,

88 – 89.

[46] C. Kory，R. L. Ives，M. Read，et al. Microfabricated W-band traveling wave tubes. The Joint 30th International Conference on IRMMW-THz，2005，85 – 86.

[47] C. Kory，R. L. Ives，M. Read，et al. Overview of W-Band Traveling Wave Tube Programs. IEEE International Vacuum Electronics Conference，2006，447 – 448.

[48] Colin D Joye，Jeffrey P Calame，Khanh T Nguyen and Morag Garven，Microfabrication of fine electron beamtunnels using UV-LIGA and embedded polymer monofilaments for vacuumelectron devices icromech. Microeng. 2012，22：015010(10pp).

[49] H. R. Gong，Y. B. Gong，T. Tang，et al. Experimental Investigation of a High-Power Ka-Band Folded Waveguide Traveling-Wave Tube. IEEE Trans. Electron Devices，2011，58(7)：2159 – 2163.

[50] C H Cheng，S C Chen，Z S Chen. Multilevel electroforming for the components of a microdroplet ejector by UV-LIGA technology. Journal of Micromechanics and Microengineering，2005，(15)：843 – 848.

第2章 折叠波导高频结构制备方法

螺旋线高频结构的制备多采用高精密螺旋线绕制机来制备,传统装配方式的螺旋线行波管一般应用于 75 GHz 以下。当高频段时,由于尺寸的共度效应,一方面,由于螺旋线的横向尺寸非常小,散热困难,其功率容量受限;另一方面,微型螺旋线的绕制、螺旋线的强度、螺旋线的装配等工艺的实现较为困难。耦合腔高频结构和梯形线高频结构的制备多采用线切割和机械制造的方法,当高频段时,耦合腔腔体和梯形线结构尺寸微小,制造和装配都极其困难,无法实现。折叠波导高频结构由于其独特的特点,其整体性好,可以采用 MEMS 工艺中的方法进行制造制备,并可以进行集成,因而受到了极大的重视。但其制造制备并不是 MEMS 的标准工艺,而是借鉴 MEMS 工艺中的方法,对其进行针对折叠波导的特点和难点进行适当的开发,从而来制备折叠波导。

2.1 折叠波导制备的难点

折叠波导高频结构是行波管工作时实现电子注与高频场有效能量交换的场所,高频结构的性能直接影响行波管的工作频率、频带宽度、换能效率和输出功率,是行波管的核心部件[51],折叠波导及集成级联折叠波导三维结构如图 2.1所示。

如前所述,由于高频互作用高频结构的几何尺寸和频率具有共度效应,随着频率的提高,高频互作用高频结构的特征尺寸减小到微米甚至纳米量级。为确保器件的稳定运行,高频结构对于制造尺寸误差要求小于 10%,以 0.3 THz 行波管高频结构为例,其对结构尺寸的误差容忍度仅为 5 μm。另外,为了保证足够的注-波互作用面积,还要求具有较大的结构深度和深宽比。与此同时,由于趋肤效应和高频损耗,器件对于高频结构的表面粗糙度也有极为苛刻的要求[52]。

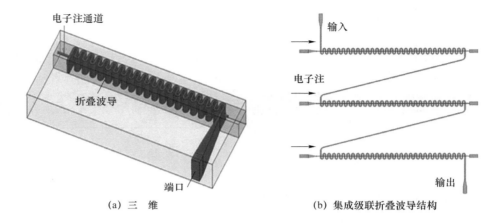

图 2.1　折叠波导示意图

　　如果是单纯的平面微纳米结构,采用微电子技术或者集成电路技术的微细制造方法,是可以轻而易举实现的,但折叠波导是三维体结构,还有些集成级联折叠波导,其制造的难点主要有如下几个方面:

　　(1)折叠波导窄边尺寸细小,属于微米量级;

　　(2)折叠波导宽边尺寸较大,在毫米量级;

　　(3)折叠波导宽边与窄边的比,属于大深宽比微细结构,深宽比在 5:1 以上,在如此微小的尺度上,这样的深宽比已经很大了,难于实现;

　　(4)贯穿波导中心的细长电子注通道,也就是中空的孔,孔的直径在 ϕ0.2 mm 以下,长度在 50 mm 左右,长径比在 200 以上;

　　(5)表面光洁度在 50 nm 以下;

　　(6)对于集成级联结构的折叠波导,除了上述的制造难点外,几根电子注通道的定位,不能有任何的错位和不一致。

　　由于尺寸微小、精度要求高,误差控制困难,折叠波导高频结构的制造制备成为一项艰巨的任务,几个典型频段的折叠波导高频互作用结构的尺寸如表 2.1 所示。

表 2.1　不同频率折叠波导高频结构典型尺寸

频率/GHz	宽边尺寸/mm	窄边尺寸/mm	电子注通道半径/mm
35	4.77	0.8	0.25
94	1.9	0.3	0.17
140	1.35	0.24	0.12
220	0.76	0.16	0.09
340	0.5	0.1	0.05
560	0.3	0.04	0.02

采用机械制造、电制造或者激光制造等方法,无论在制造精度还是光洁度等方面都无法实现折叠波导高频结构的制备,种种客观制造条件的限制使得传统的机械制造方法和普通标准的微细制造方法已经无法满足高频段高频结构对制造的要求。因此,找到一种合适的特种微细制造技术,并摸索出一套成熟固化的制造工艺流程,这样才能对于高频段折叠波导行波管的实用化具有积极的推动作用和现实意义。

2.2　折叠波导制备的方法

鉴于折叠波导高频结构的三维立体高深宽比(Aspect-Ratio)且是中空的全金属结构的特点,图2.2和表2.2分别给出了各种制造方法对应的高频结构的频率范围以及各种制造方法的能力范围和所能达到的精度指标。从图中可以看出,当真空电子器件的频率进入200 GHz以后,传统的制造方法已经不再适用,需要采用微电子技术中的MEMS微细制造方法来进行制备。总体上可实用化的制造方法主要包括超精密电火花线切割制造(Ultra-fine WEDM)技术、LIGA技术、UV-LIGA技术以及DRIE技术。其中UV-LIGA技术和DRIE技术由于可以延伸到1 THz甚至几十 THz以上的结构尺寸的制造,因而受到了广泛的关注[53,54]。

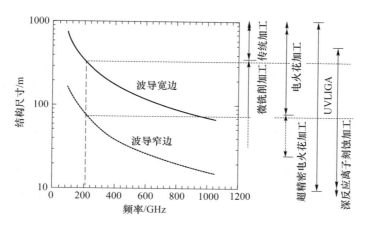

图2.2　制造方法对应的频率和尺度

表 2.2　各种制造方法的能力

制造方法	能力范围	精度	表面粗糙度
常规制造	$>300\ \mu m$	$\pm 5\ \mu m$	$\geqslant 200\ nm$
EDM	$80\ \mu m \sim 1\ mm$	$\pm 5\ \mu m$	$\geqslant 5\ \mu m$
UV-LIGA	$10\ \mu m \sim 1\ mm$	$\pm 5\ \mu m$	$\geqslant 30\ nm$
DRIE	$10\ \mu m \sim 0.5\ mm$	$\pm 1\ \mu m$	$\geqslant 30\ nm$
Nano-wire EDM	$>2\ \mu m$	$\pm 10\ nm$	$\geqslant 300\ nm$

2.2.1　MEMS 技术

MEMS 是微机电系统（Micro Electronic Mechanical System）的简称,MEMS 是指特征长度在 1 mm 以下,1 μm 以上,结合有电学与机械部分,用集成电路制造工艺批量制造的器件[55-57]。

MEMS 的特点可以概括为微型化与集成化[58,59]。其中,微型化是 MEMS 的最主要特征,体现在器件的特征尺寸降低到微米量级。集成化指的是利用大规模集成电路相关技术使器件的机械结构、电学结构和其他结构集成在一个小面积的空间内,形成具有特定功能的微型系统,使之可以得到更广泛的应用。MEMS 的产生基于集成电路制造工艺的发展,利用集成电路制造工艺可以达到对器件的批量生产,这样不但节约了器件的制造成本,也实现了器件的成品率、高效率和大批量生产。

由于 MEMS 技术具有以上特点,所以 MEMS 技术可以应用于其他领域,例如:IT 产业、军事领域、航空航天、汽车、生物医学、环境监控等领域。MEMS 已经对 21 世纪的科学技术、生产方式以及人类生活等造成了深远影响。

MEMS 一词来源于 1989 年美国国家自然科学基金会（NSF）主办的微机械制造技术讨论会的总结报告“Microelectron Technology Applied to Electrical Mechanical System”,此次会议中,微机械制造技术被 NSF 和美国国防部先进技术署（DARPA）确定为美国急需发展的新技术。从此,MEMS 被广为流传。实际上微机械电子系统的概念在 20 世纪 60 年代就已经提出,1959 年,诺贝尔奖获得者 R. Feynman 在他的著名报告“There is plenty of room at the bottom”中,首次提到了微电子机械系统的设想,次年,R. Feynman 在加州理工大学的一次演讲中定义了微机械的概念,1962 年,第一个硅压力传感器问世,其后又开发出 $50 \sim 500\ \mu m$ 的齿轮、齿轮泵、气动涡轮及连接件等微结构。1982 年,K. E. Peterson 发表一篇题为“Silicon as a Mechanical Material”的综述性文章,对硅微机械制造技术的发展起到了奠基的作用。但是受技术水平限制和社会需求的影响,微机械电子系统在20世纪80年代以前一直没有得到快速的发展[60]。

MEMS正式诞生的标志是1987年由美国加州大学柏克利分校采用硅体微制造工艺制造出转子直径 $60 \sim 120\ \mu m$ 的微静电马达,当时就引起了国际学术界和产业界的高度重视,同时也标志了微电子机械系统开始步入全新的发展阶段[61]。

目前MEMS的制造技术总共有三种,分别来自不同的国家和地区。其中第一种是以美国为代表的基于集成电路工艺技术,以薄膜沉积、图形化与刻蚀技术对硅材料进行制造,以形成硅基MEMS器件。第二种是以日本为代表的利用传统机械制造手段,利用大机器制造出小机器,然后再用小机器制造出微机器的方法来制造MEMS器件,制造手段有微细电火花制造、超声波制造等。第三种则是以德国为代表的 LIGA 技术(德文 LithograPie 一光刻、Galvanoformung 一电铸和 Abformung 一塑铸)主要通过 X 射线光刻技术,通过电铸成型和铸塑形成深层微结构的方法制造 MEMS 器件[62,63]。

MEMS技术中的核心工艺包括:光刻、深刻蚀、体硅工艺、表面硅工艺、溅射工艺、键合以及紫外激光制造工艺等。这些工艺对于微型折叠波导的制备有着非常好的借鉴意义,需要充分利用MEMS技术中的各个工艺细节,对某些工艺进行适合折叠波导特点的改造,对微细高频结构的制造是很有益处的。

2.2.2 超精密电火花线切割制造技术

超精密电火花线切割制造(Ultra-fine WEDM)技术,因独具的特点及很高的使用性价比得到了迅速发展,在微制造领域发挥着重要作用,特别在微机械制造实用化方面更有较大优势,广泛应用于国防、医疗、化学、仪器仪表工业等生产领域。

电火花线切割制造的基本原理是利用移动的微细钨或其他材料的电极丝(直径为 $0.01 \sim 0.05\ mm$)作电极,在能够精确控制微小放电能量的脉冲电源控制下对工件进行脉冲火花放电、切割成形,电火花线切割的制造原理简图如图 2.3 所示[64]。

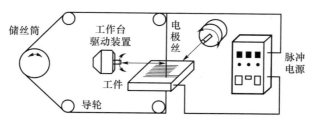

图 2.3　电火花线切割制造原理

电火花线切割机可以用于折叠波导高频结构的制造,主要是因为使用极细电极丝可以用来切割折叠波导的蛇形线,因为折叠波导蛇形线是波导的窄边,0.22 THz折叠波导的窄边宽度大概在0.1 mm左右,因为目前商用的超精密电火花线切割机床最细的电极丝可以使用直径为0.02 mm,切割的高度在5 mm以内,因而可以用超精密电火花线切割机来制造折叠波导。但需要对相关的丝径、制造工艺参数、装夹方式、定位方式等方面进行综合考虑。

电火花线切割制造工艺指标主要包括:切割速度、表面粗糙度、制造精度等。此外,电极丝损耗和制造表面层性能变化也是反映制造效果的重要内容。为了获得较高的制造工艺指标,必须合理地选择制造工艺和工艺参数。由于电火花线切割制造技术可以实现任意形状的切割,可以通过计算机进行精密数控,因此可以达到很高的精度。

影响电火花线切割制造工艺指标的因素很多,大致可分为电参数和非电参数因素的影响[65]。电参数为脉冲电源输出的参数,包括:脉冲宽度、短路峰值电流、脉冲间隔、开路电压、脉冲空载百分率、伺服参考电压等。非电参数包括机床机械精度、走丝系统、工作液循环系统、伺服控制系统,还包括制造路径的选择、切割进入方式、偏移量间隔、拐角的处理、电极丝以及工件的特性等。主要的影响因素如下:

1)脉冲放电电流的影响

加大脉冲放电电流值对提高工件蚀除速度有利,从而影响电火花线切割制造速度。在一定范围内,电火花线切割制造速度随脉冲放电电流的加大而加大;但当脉冲放电电流达到某一临界值后,脉冲放电电流的继续增加会导致制造稳定性变差,制造速度反而明显下降。

2)脉冲放电时间的影响

其他条件不变的情况下,脉冲放电时间对电火花线切割制造速度的影响趋势类似于脉冲放电电流的影响。也就是说,在一定范围内,加长脉冲放电时间对提高制造速度有利;但是当脉冲放电时间增大到某一临界值以后,制造速度将随放电时间的增大而明显减小。原因是放电时间达到某一临界值后,制造稳定性变差,影响了制造速度。

3)脉冲间隔的影响

在其他条件固定不变的情况下,减小脉冲间隔,导致脉冲频率的提高。于是,单位时间的放电次数增多,平均电流增大,从而提高了制造速度。但减小脉冲间隔是有条件的,如果一味地减小脉冲间隔,影响了放电间隙产物的排出和火花通道消电离过程,就会破坏制造稳定性,从而大幅度降低制造速度。合理的脉冲间隔的选取,与脉冲参数、走丝速度、电极丝直径、工件材料及厚度都有关系,因此,在选择和确定脉冲间隔时必须因情况而异。

4）脉冲空载电压的影响

提高脉冲空载电压，实际上起到了提高脉冲放电电流的作用，有利于提高电火花线切割制造速度。脉冲电压对制造间隙的影响大于脉冲放电电流对制造间隙的影响。提高脉冲空载电压，加大间隙，有利于介质的消电离和蚀除产物的排出，提高制造稳定性，进而提高电火花线切割制造速度。

5）平均制造电流的影响

在稳定制造的情况下，平均制造电流越大，电火花线切割的制造速度越快。所谓稳定制造，就是正常的火花放电占主要成分的制造。如果制造不稳定，短路和电弧放电的脉冲增多，也可使平均制造电流增大，这种情况下制造速度反而降低。采用不同的方法提高平均制造电流，对制造速度的影响是不同的。例如，通过改变脉冲电压来实现对平均制造电流的调节，其对制造速度影响的曲线斜率较大；而通过改变脉冲间隔而实现相同目的，对制造速度的影响的曲线斜率略小。

6）电极丝的材料、直径对电火花线切割制造速度的影响

电极丝的材料不同，电火花线切割制造速度也不同。比较理想的电极丝材料有钼丝、钨丝、钨钼合金丝、黄铜丝及铜钨丝等。目前国内最普遍采用的是钼丝，比较适应高速走丝的电火花线切割系统。国外多采用黄铜丝和钨丝，比较适应低速走丝电火花线切割系统。

7）走丝速度的影响

电火花线切割制造的走丝速度与下述几个因素有密切关系，电极丝上任一点在火花放电区域停留时间的长短；放电区域电极丝的局部温升；电极丝在运动过程中将工作液带入放电区域的速度；电极丝在运动过程中将放电区域的放电产物带出放电间隙的速度等。

8）工件厚度的影响

工件厚度对工作液进入和流出制造区域以及蚀除产物的排出、通道的消电离，都有较大的影响。同时，火花通道压力对电极丝抖动的抑制作用也与工件厚度有密切关系。工件厚度对电火花线切割制造稳定性和制造速度必然产生相应的影响。一般情况下，工件薄，虽然有利于工作液流动和蚀除物的排出，但是火花压力对电极丝的作用距离小，难于起到抑制其抖动的作用，很难获得较高的脉冲利用率和理想的制造速度；反之，过厚的工件，虽然在放电时可使电极丝抖动减弱，但是工作液流动条件和排屑条件恶化，也难于获得理想的制造速度。因此，只有在工件厚度适中时，才最容易获得理想的制造速度。

9）制造进给速度的影响

理想的电火花线切割制造，制造进给速度应严格跟踪蚀除速度。制造进给过

快,容易造成频繁短路;制造进给过慢,则容易造成频繁开路。这些现象都大大地影响脉冲利用率。

超精密 WEDM 切割机十分昂贵,在几十万美元的水平,另外,由于电极丝的直径终归会达到一个极限,况且细丝的制造存在着许许多多的问题,装夹、找正、基准、穿丝、切割等,准备和制造周期较长,现在看来到 0.1 THz 以下的折叠波导采用 Ultra-fine WEDM 的制造方式还是可行的,Ultra-fine WEDM 在更高频段的折叠波导制造中不占更多的优势。

2.2.3 LIGA 技术

LIGA 技术是由 W. Ehrfeld 等人在德国卡斯鲁尔的原子核研究中心发展起来,最初是用该技术制造铀分离器,并于 1986 年首次进行了公开报道[66]。LIGA 是德文 Lithographie, Galvanoformung, Abformung 三个字的字头缩写,它包括同步辐射 X 光深度光刻,电铸和塑铸三个主要工艺环节。同步辐射源由电子加速器产生,波长为 0.2～0.6 nm,由于 X 射线的深穿透能力可以制作出高度达 1 mm 的微机械,而周边尺寸仅在微米或亚微米范围内。LIGA 技术可以制造极高深宽比的微结构,高宽比最高可以达到 500,厚度最大可以到达几个毫米,并且其侧壁陡直度非常好,可以达到 89.9°以上,制造的最小尺度可以达到亚微米级。

该技术在其发明伊始就是以工业应用为动力,由于它有着广阔的应用领域和巨大的市场发展潜力,得到了许多国家的政府和企业的高度重视,从而得到了非常快的发展。德国,英国,美国,日本,俄罗斯等国家都纷纷开展了这项技术的研究工作,德国在企业界的资助下,成立了 IMM(Institute of Microtechnology Mainz) 研究所,主要从事 LIGA 方面的工作。在英国,成立了 LIGA Club,以便同工业界进行沟通,更好地进行产品和市场的开发[67,68]。在美国成立了 DXRL (Deep-X-ray Lithography) 委员会,在 ALS, SSRL, NSLS, 和 CAMD (Center for Advanced Microstructures and Devices)等同步辐射设备上都建立了用于 LIGA 技术研究的光源和工艺所需要的设备以及超净环境[69,70]。该委员会为需要 LIGA 技术研究的单位和机构提供光源等服务。

LIGA 技术是利用光刻技术进行微机械结构和零件的制造,而光刻技术又是电子器件生产的一种方法,因此在方法上就实现了微电子与微机械的结合,为微系统技术发展提供了一种强有力的实现方法。该技术是利用深度 X 光光刻得到一组胶结构,然后利用电铸或塑铸,将这一胶结构翻制成所需要的金属或非金属产品结构。利用该技术已经制造出微泵、光纤连接器、电连接器、光栅微光谱仪、加速度传感器、微型电机等三维立体产品。

LIGA 技术有着其他技术无法实现的优越性能。同步辐射光刻是 LIGA 技术最为关键的工艺环节,由于同步辐射具有非常好的平行性和非常广的 X 光光谱,使得光刻出的胶结构具有非常高精度和结构深度,在这方面是任何其他光源所不能比拟的[71,72]。

LIGA 技术的标准工艺过程如图 2.4 所示。其主要包括三个部分:同步辐射 X 射线光刻,电铸和塑铸。首先是同步辐射光刻,PMMA 光刻胶经过曝光显影后得到光刻胶的胶膜,也是深度微结构最为原始的结构。利用电铸工艺,将这一胶膜转换成塑铸所用的金属模具。利用金属模具进行大批量生产塑料结构产品,或大批量复制再电铸所需要的非金属模,再利用电铸工艺将复制出的塑料模大批量转换成金属结构产品等。

由于同步辐射的良好性能,使其光刻出的原始胶膜具有非常高的精度和很大的高宽比,LIGA 技术的优点主要可以概述为如下几点[73]:

(1) 任意横向尺寸的结构;

(2) 最小尺寸可达 0.2 μm;

(3) 高宽比最大可达 500;

(4) 结构表面粗糙度在亚微米范围,可以达到 30 nm;

(5) 广泛的材料选择,可以是 PMMA 等有机材料,也可以是 Ni 等金属或金属合金材料;

(6) 注塑技术可以进行大批量,低成本生产。

LIGA 技术的最重要的优点是可以得到很好的制造结果,制造的表面粗糙度能够优于 100 nm,平整的表面可以满足太赫兹电路所需的高导铜壁的要求,只有很小的高频损耗。图 2.5 为构成 600~700 GHz 返波振荡器电路的柱体的扫描电镜图片(SEM)。其中,铜柱直径为 20 μm,高为 80 μm,柱间距分别为 30 μm 和 34 μm圆柱表面十分光滑,而且形状具有很好的一致性。

LIGA 技术能够实现非常精密的制造结果,但是由于同步辐射光源少、开发周期较长等问题,在一定程度上限制了 LIGA 技术在微型真空电子器件上的应用,只有到批量生产的环节时,可以考虑其实际应用。

2.2.4 UV-LIGA 技术

由于 LIGA 技术需要采用同步辐射 X 射线作为曝光光源,光源缺乏、成本较昂贵,于是用价格低廉的深紫外光代替同步辐射 X 射线的 UV-LIGA 技术就孕育而生了。与同步辐射 X 射线相比,紫外光光源的使用成本和使用场合大大增强,

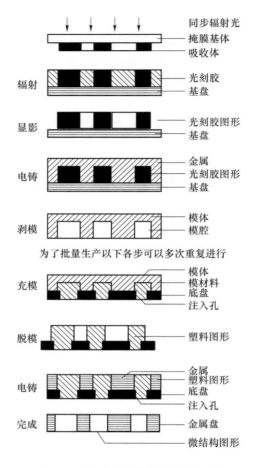

图 2.4　LIGA 技术的标准工艺过程

从而使 UV-LIGA 技术得以迅速发展,相关研究报道层出不穷[74,75]。

UV-LIGA 技术利用制造集成电路的常规曝光机中的深紫外光代替同步辐射 X 射线对厚胶进行光刻后得到胶膜微结构,以此胶膜作为电铸模具通过电铸工艺实现金属化,去胶后得到所需的金属微结构。也可以通过后续的微注塑过程实现微器件的批量生产。UV-LIGA 将 IC 生产中的数微米光刻工艺拓展至现在的数十乃至数百微米厚的厚胶光刻中,而且仍然保留了 IC 工艺中的高精度及高分辨率。与 LIGA 技术相比,它既可以得到高深宽比的微结构,又大大降低了对设备的要求,而且与集成电路生产线的兼容性也比 LIGA 技术好得多,从而大大降低了生产成本,获得了越来越多的关注。表 2.3 列出了 UV-LIGA 技术和 LIGA 技术的主要特点,从表中可以看出,虽然 UV-LIGA 技术与 LIGA 技术相比,在微结构的高深宽比、可达的最小尺寸等参数方面还有一定差距,但可以应

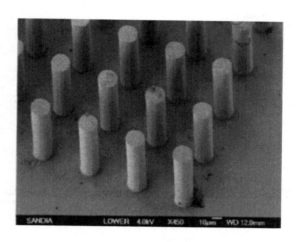

图 2.5 LIGA 技术制造的微型柱体阵列 SEM 图片

用于很多微型器件的制造。如果将折叠波导制造流程适当进行调整,UV-LIGA 技术应该可以应用到折叠波导的制备中来,后文会进行详细的论述。如果将来能开发出更高能量的紫外光源及相应的感光胶,相信 UV-LIGA 技术的应用会更广泛。

表 2.3 LIGA 技术和 UV-LIGA 技术的主要特点对比

项　目	LIGA 技术	UV-LIGA
光源	同步辐射 X 光	常规紫外光(波长为 350~450 nm)
掩膜版	以 Au 为吸收体的 X 射线掩膜版	标准 Cr 掩膜版
光刻胶	常用聚甲基丙烯酸甲酯 PMMA	正、负性光刻胶、聚酰亚胺、SU8 胶
深宽比	一般可达 100,最高到 500	一般可达 10,最高可达 50
胶膜厚度	几十微米至数厘米	几微米至数毫米
生产成本	很高	较低,约为 LIGA 的 1%
侧壁垂直度	可大于 89.9°	可达 88°
最小尺寸	亚微米	1-数微米
制造温度	常温至 5° 左右	常温至 5° 左右
制造材料	多种金属陶瓷及塑料等材料	多种金属陶瓷及塑料等材料

UV-LIGA 工艺流程如图 2.6 所示,除了曝光光源与掩膜版与 LIGA 技术不同外,其余工艺过程基本相同。

典型的 UV-LIGA 工艺过程为:首先对基底进行导电化处理(金属基底不用处

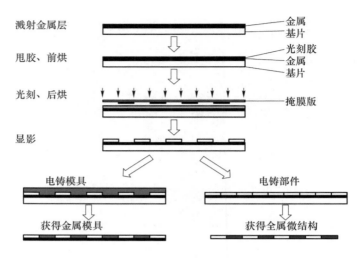

图 2.6　UV-LIGA 工艺流程图

理),然后涂覆光刻胶,经过曝光显影工序后得到微胶膜结构,然后以此胶膜结构作为模具进行电铸操作,去除光刻胶后得到金属微结构。

虽然 UV-LIGA 工艺采用紫外光刻技术代替 X 射线曝光,大幅度降低了制造成本,但是在超厚胶制作、胶膜形状精度控制、交联 SU-8 胶的去除等方面仍然有待进一步深入研究。

(1)超厚、大深宽比光刻胶的制作。LIGA 技术可以制作厚度达数毫米、深宽比高达 500 的胶膜结构,而 SU-8 则只能制作厚度仅为数百微米、深宽比仅为数十的胶膜结构。通过优化涂胶方式、提高紫外光强度以及优化光刻胶等方式可适当提高 UV-LIGA 胶膜的厚度及深宽比。

(2)胶膜形状精度。通过紫外光曝光时,由于存在光的衍射、散射、反射等作用,使胶膜结构往往出现侧壁不陡直的现象,俗称 T-TOP 现象,而且这种现象随胶膜厚度的增加而变得愈加明显。这往往是由于光刻胶不平整及紫外光波段过宽引起的。

(3)微细电铸。UV-LIGA 技术的关键工艺之一是精密微细电铸工艺,一般可采用电铸的方法获得金属微结构,但在窄而深的槽中电铸时,电沉积反应物质传输受到严重阻碍,采用常规电铸方法很难获得质量优异的电铸件。这时就需要添加辅助手段,如超声辅助等措施增强电铸液的对流,加速反应物质传输,提高电铸质量。

(4)SU-8 胶的去除。作为 UV-LIGA 代表光刻胶的 SU8 胶具有分辨率高、化学成分稳定等显著优点,但交联后的 SU8 胶很难去除。因此,如何在不损伤金属结构的前提下,快速有效地去除交联的 SU8 胶是一项非常具有挑战性工作。

2.2.5 DRIE 技术

深反应离子刻蚀技术（DRIE-Deep Reacitve Ion Etching）也称深硅刻蚀工艺是由德国公司 Bosch 发明的，所以深硅刻蚀工艺又被称为 Bosch 工艺，其原理是在反应腔室中轮流通入保护气体 C_4F_8 与刻蚀气体 SF_6 与样品进行反应，工艺的整个过程是淀积钝化层步骤与刻蚀步骤的反复交替。其中保护气体 C_4F_8 在高密度等离子体的作用下分解生成碳氟聚合物保护层沉积在已经做好图形的样品表面，如图 2.7 所示[76]。

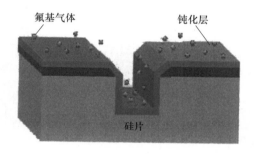

图 2.7 深硅刻蚀工艺中的钝化过程

刻蚀过程则是通过刻蚀气体 SF_6 被等离子体的作用下分解，提供刻蚀所需的中性氟基团与加速离子，硅以及聚合物进行各向同性的刻蚀，如图 2.8 所示。

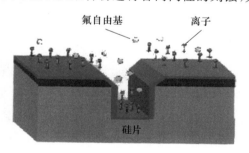

图 2.8 深硅刻蚀工艺中的刻蚀过程

刻蚀过程中，被刻蚀部分的聚合物保护层会被完全除掉，除掉底部保护层后，对保护层下的硅材料进行刻蚀，而侧壁的保护层由于离子刻蚀的方向性刻蚀速度不会很快被去除。然后重复钝化步骤，导致刻蚀持续在垂直方向进行，如图 2.9 所示。

评价深硅刻蚀结果的主要因素有刻蚀均匀性、刻蚀速率、刻蚀侧面陡直度、刻蚀侧面粗糙度以及切底（undercut）。下面结合深硅刻蚀设备结构，如图 2.10 所

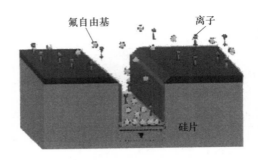

图 2.9　深硅刻蚀工艺中的刻蚀过程结束

示,对于深硅刻蚀工艺参数对刻蚀结果的影响做进一步的说明[77,78]。

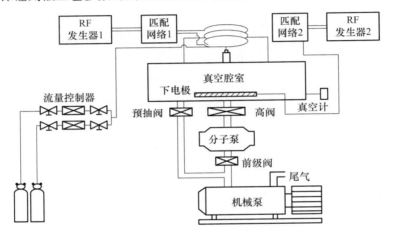

图 2.10　深硅刻蚀设备的简单结构

　　在深硅刻蚀设备中,有两个 RF 发生器,其中 RF 发生器 1 的作用是产生通过感应线圈从外部耦合到真空腔室中的射频功率。RF 发生器 2 的作用是为下电极提供射频功率。样品处于腔室内的下电极上,下电极的作用是在刻蚀步骤时开启,以增强刻蚀气体的离子导向性,下电极还连接有冷却系统,以对样品进行冷却,从而降低离子轰击产生的物理损伤。

　　深硅刻蚀设备的运行过程为:钝化气体进入反应腔室,等到气体稳定后,RF1 功率开启,RF2 功率不开启,对样品进行钝化。钝化步骤结束后,RF1 关闭,分子泵将气体抽出,然后通入刻蚀气体,RF1 与 RF2 开启,对样品进行刻蚀。刻蚀步骤结束后,RF1 与 RF2 关闭,气体被抽出,然后重复钝化与刻蚀步骤直至工艺结束。

　　深硅刻蚀工艺中可以改变的工艺参数有:腔室内部压力、刻蚀气体流量、钝化气体流量、刻蚀步骤切换时间、钝化步骤切换时间、刻蚀时线圈功率、钝化时线圈功率、刻蚀时下电极的功率。其中增加腔室内部压力就等于增加刻蚀步骤的中性氟基团与加速离子密度,起到增加刻蚀速率的作用,当压力增加到一定程度后,离子散射导致离子能量增强,会致使保护层刻蚀的各向异性减弱,从而导致刻蚀的均匀性下降。

增加刻蚀气体流量与延长刻蚀步骤切换时间可以增加刻蚀速率,但是由于刻蚀时间的增加,侧壁保护层被刻蚀之后侧壁的硅也会被刻蚀从而造成刻蚀的侧面粗糙度增加。增加钝化气体的流量与延长钝化步骤的切换时间会减小刻蚀速率,也会减小侧壁的粗糙度。增加刻蚀时的线圈功率等于增加等离子体密度,增加刻蚀速率,同时也会增加侧壁的粗糙度。增加刻蚀时下电极功率的作用是增加刻蚀时离子的指向性,会增加刻蚀速率。

DRIE 技术是一种在硅基体上的刻蚀技术,属于干法蚀刻,基于电感耦合等离子体(ICP)对硅进行深层制造。DRIE 技术不依赖于衬底晶向,有着较大的制造自由空间,刻蚀掩膜可以用 SiO_2 或光刻胶,采用 DRIE 技术可制造高深宽比的微结构,而且精度很高,可以将这些微结构作为产生金属结构的模具,或沉积金属薄膜用于折叠波导高频结构的制备,一般情况下还需要对所溅射的薄膜进行热处理等工艺。DRIE 深刻蚀技术难于形成整体的全金属高频结构,不易形成圆形电子注通道,方形的电子注通道可以通过多层掩膜技术来实现,可以用来制作折叠波导半腔结构,而后经过镀膜、键合等工艺,实现整体高频结构的制备。

2.3　微细制造方法的应用

从上面各种微细制造方法的论述,可以看出超精密电火花线切割技术和LIGA 技术适用于大深宽比、绝对深度较深的折叠波导高频结构的制造;LIGA、UV-LIGA 和 DRIE 技术适于较高频段折叠波导的制备。由于 LIGA 和 UV-LIGA可以在光刻胶中通过嵌入聚合单丝的方式来制备贯穿折叠波导中心的圆形电子注通道,这对于行波管折叠波导的研制是一种很有诱惑力的方案。考虑的这些因素,本书着重研究超精密电火花线切割技术、LIGA 技术和 UV-LIGA 技术,这三种微细制造技术。研究的频段按如下的方式来分配:

(1)采用超精密电火花线切割技术和 LIGA 技术制备 W 波段 0.1 THz 折叠波导高频结构;

(2)采用 UV-LIGA 技术制备 G 波段 0.22 THz 折叠波导高频结构以及集成级联折叠波导高频结构;

(3)采用 LIGA 技术制备 J 波段 0.3 THz 折叠波导高频结构;

(4)采用 DRIE 技术制备 1.03 THz 折叠波导高频结构;

　　希望通过这些频段的折叠波导高频结构的不同微细制造方法的摸索,为各个频段的折叠波导高频结构提供可行的实际的制造工艺路线。

参考文献

[51]　张克潜.微波与光电子学中的电磁理论[M].北京:电子工业出版社,2001.

[52]　崔铮.微纳米制造技术及其应用[M].北京:高等教育出版社,2005.

[53]　曹凤国.电火花制造技术[M].北京:化学工业出版社,2005

[54]　王喆垚.微系统设计与制造[M].北京:清华大学出版社,2008.

[55]　郝一龙,李婷,张立宪等.硅基M阴s技术[J].机械强度,2001,23(4):523-526.

[56]　王阳元,武国英,郝一龙等.硅基MEMS制造技术及其标准工艺研究[J].电子学报,2002,11,1577-1584.

[57]　赵万生,王振龙.微细电火花制造技术的进展[J].中国机械工程,2002.

[58]　洪永强,蒋红霞.微电子机械系统及硅微机械制造工艺[J].电子工业技术,2003,24(5):185-188.

[59]　张海霞,郭辉,张大成.集成化MEMS工艺设计技术的研究[J],纳米技术与精密工程,2004,9:229-233.

[60]　许高斌.MEMS表面微制造工艺技术[J],测控技术,2006,4,26-29.

[61]　戴亚春,周建忠,王匀等.MEMS的微细制造技术[J],机床与液压,2006,15,15-19.

[62]　牛君,刘云桥.MEMS技术的发展与应用[J].高新技术,2007,231-235.

[63]　陆希成,童长江,王建国等.太赫兹真空电子器件微制造技术及后处理方法[J].真空科学与技术学报,2013,33(6):506-516.

[64]　Colin D J, Jeffrey P C et al. UV-LIGA microfabrication of 220 GHz sheet beam amplifier gratings with SU-8 photoresists[J]. 2010 J. Micromech. Microeng. 20 125016.

[65]　Joye C D, Calame J P, Nguyen K T, Pershing D, Larsen P, Garven M, Park D, Bass R and Levush B 2011 Microfabrication of wideband, distributed beam amplifiers at 220 GHz Proc. 12th IEEE Int. Vacuum Electronics Conf. (Bangalore, India) (New York:IEEE) pp 343-345.

[66]　Mohamed Gad-el-Hak MEMS Introduction and Fundamentals [M]. London:Taylor & Francis Group. 2006.

[67]　Mohamed Gad-el-Hak MEMS Design and Fabrication [M]. London:

Taylor & Francis Group. 2006.

[68] Mohamed Gad-el-Hak MEMS Applications [M]. London: Taylor & Francis Group. 2006.

[69] E. W. Becker, W. Ehrfled, ect. Fabrication of microstructures with high aspect ratios and great structural heights by synchrotron radiation lithography, galvanoforming, and plastic moulding (LIGA process). Microelectronic Engineering 4(1986)3 - 56.

[70] D. W. L. Tolfree, The status of deep X-ray lithography in the UK for the development. HARMST'99, 13 - 15, June 1999. Kisarazu, Japan.

[71] Mark McNie, etal. High aspect ratio micromachining (HARMST) technologies for microinertil devices. HARMST'99, 13 - 15, June 1999. Kisarazu, Japan.

[72] Chantal Khan Malek, etal. Deep etch x-ray lithography at the advanced light source: First results. J. Vac. Technol. B, Vol. 12, No. 6, Nov/Dec 1994.

[73] HARMST'97 focuses on LIGA, Micromachine Devices. Vol. 2 , No. 8. August 1997.

[74] M. A. Polosky, etal. LIGA Fabricated Environmental Sensing Device. HARMST'99, 13 - 15, June 1999. Kisarazu, Japan.

[75] H. Lehr, W. Ehrfeld. LIGA-Technique, An Overview. The 6th Chinese international summer school of physics application of synchrotron radiation, Lecture Notes. July 15 - 30, 1992, Beijing, China.

[76] Wenmin Qu, Christian Wenzel, Andreas Jahn, et al. UV-LIGA: A promising and low-cost variant for microsystem technology. Proceedings of Conference on Optoelectronic and Microelectronic Materials and Devices, Piscataway: IEEE, 1999: 380 - 383.

[77] C H Cheng, S C Chen, Z S Chen. Multilevel electroforming for the components of a microdroplet ejector by UV-LIGA technology. Journal of Micromechanics and Microengineering, 2005, (15): 843 - 848.

[78] Colin D J, Jeffrey P C, , et al. UV-LIGA microfabrication of 220 GHz sheet beam amplifier gratings with SU-8 photoresists [J]. 2010 J. Micromech. Microeng. 20125016.

第**3**章 折叠波导高频结构微细制造方案

本书针对太赫兹频段有可能最先开展实用化研究的三个大气窗口频段，即 0.1 THz，0.22 THz 和 0.3 THz 开展微细制造制备技术的研究，大气窗口频段如图 3.1 所示。0.1 THz 折叠波导的制造制备方法介于传统制造与微细制造的交叉部分，针对这个特点，本书对 0.1 THz 折叠波导采用超精密电火花线切割制造和 LIGA 制造方法来制备，对制造方法的极限能力进行尝试；为了充分验证 LIGA 技术的制造精度及其能力，对于 0.3 THz 折叠波导采用完全的 LIGA 工艺来制造；考虑到制造方法的普遍性、适用性以及 UV-LIGA 方法的制造能力，对 0.22 THz 折叠波导及其集成级联结构采用 UV-LIGA 方法来制备。本章主要在各频段折叠波导设计仿真的基础上，通过对折叠波导不同尺寸的分析，针对不同的制造制备方法，进行方案的设计。

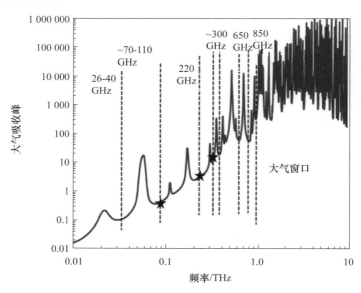

图 3.1 大气窗口频段示意图

3.1 W 波段 0.1 THz 折叠波导高频结构

设计 W 波段 0.1 THz 折叠波导行波管主要技术指标为：总效率＞10％；峰值功率＞100 W；增益＞30 dB；占空比＞10％；带宽＞2％，W 波段折叠波导行波管的相关参数如表 3.1 所示。

表 3.1　W 波段折叠波导行波管的相关参数

电子注电压	16.8 kV
电子注电流	0.18 A
电子注半径	0.1 mm
聚焦磁场强度	5 000 Gs
第一段互作用区的周期数目	50
第二段互作用区的周期数目	93
中心工作频率	0.1 THz

而后对折叠波导高频结构进行设计、模拟和仿真，示意图如图 3.2 所示，经仿真设计的非线性注波互作用结果如图 3.3 所示，得出的折叠波导尺寸如表 3.2 所示，其中 a 为波导宽边长度，b 为波导窄边长度，h 为直波导高度，p 为周期轴向长度，L 为周期弯曲长度，r_0 为电子注通道半径。

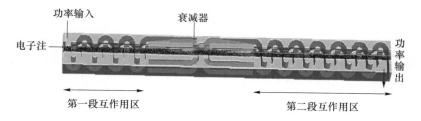

图 3.2　折叠波导互作用系统模型

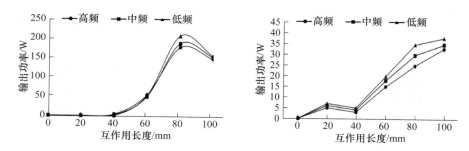

图 3.3　非线性注波互作用结果

表 3.2　W 波段折叠波导高频结构尺寸

尺寸参数	单位/mm
a	2
b	0.3
p	0.57
h	0.6
r_0	0.2

设计后的总长度 L 为 98 mm,采用电火花线切割的方法对于该长度的制造并不存在太大的问题,因为线切割的机床的行程可以达到 600 mm。但是对于 LIGA制造,由于曝光的面积不易于过大,所以针对这种情况,为了对 LIGA 工艺过程进行更多的实验,设计了如下图 3.4 所示的折叠波导高频结构,长度约为 50 mm,其他的参数不做更改。

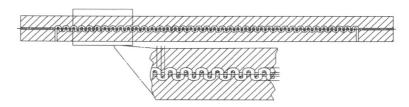

图 3.4　LIGA 工艺用折叠波导高频结构图

在采用超精密电火花线切割技术和 LIGA 技术制造该折叠波导高频结构之前,曾采用高速铣削的办法进行过对半制造,而后进行焊接的实验,这个方法总体工艺是走得通的,也是一种很好的解决方案。蛇形慢波线采用 ϕ0.3 mm 的端面铣刀来铣削制造,半孔采用 ϕ0.2 mm 球头铣刀来铣削,制造转速在 20 000 r/min,铣削速度为 300 mm/min,z 轴进给每次 5 μm,制造的折叠波导样品如图 3.5 所示,铣削后的蛇形线和铣削底面的细部状态如图 3.6 所示,图 3.6(a)为蛇形线与半孔边缘情况,图 3.6(b)为衰减器部分,图 3.6(c)为底部,制造的表面粗糙度约为 Ra0.8,蛇形线中的小立柱在铣削机械力的作用下略微有点变形,经过后续的抛光、清洗等工艺后,进行焊接,而后制造成圆柱状外形,用以加装磁钢。

图 3.5　高速铣削制造的半折叠波导高频结构

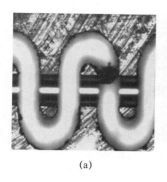 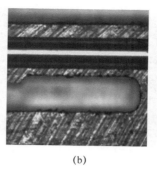 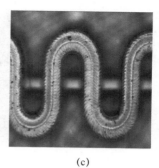

（a）　　　　　　　　　　　（b）　　　　　　　　　　　（c）

图 3.6　高速铣削制造后的细部特征

考虑到高速铣削的铣刀制造未来大深宽比的折叠波导高频结构存在刀具以及转速等问题,在高速铣削的基础上进行超精密电火花线切割技术和 LIGA 技术的制造尝试

3.1.1　超精密电火花线切割技术制造方案设计

采用电火花线切割技术制造需要重点考虑如下几点:

（1）切割的顺序,也即工艺安排;

（2）切割的基准定位,也即各图形的相对位置的保证;

（3）切割的夹具,也即切割过程中如何装夹高频结构;

针对 W 波段 0.1 THz 折叠波导高频结构的特点,具体制造过程中,涉及如下的几个细节:

（1）切割电子注通道的穿丝孔如何准备;

（2）2 mm 厚的折叠波导宽边在哪一步制造中制造出来;

（3）切割蛇形线与切割电子注通道一定是分 2 步切的,因为是一横一纵的垂直关系,不管先切哪个,都涉及另一个的位置如何确定的问题;

（4）细长的结构、如何使得变形控制在最小范围;

（5）焊接的模具要保证位置的正确性;

（6）电火花打输入、出口的时候,如何确定其位置,包括 X 和 Y 两个方向的位置;

（7）将外形切割成圆柱形状,除此以外还要考虑与电子枪和收集极的对接接口如何制造。

在充分考虑了上述的难点后,开展了两种不同思路制造过程,制造的方案分别如下:

第一种方案的顺序如图 3.7 所示;第二种方案的顺序如图 3.8 所示。

图 3.7　线切割方案一　　　　图 3.8　线切割方案二

从图中可以看出两种方案的不同之处在于对电子注通道的穿丝孔准备以及对外形的选择上,第一种方案的电子注通道穿丝孔是通过两半焊接而获得的,外形是方形,第二种方案的电子注通道穿丝孔是旋压得来的,外圆刚好是所设计的尺寸。后文对这两种方案都进行了实验,有详细说明。

3.1.2　LIGA 技术制造方案设计

使用 LIGA 技术,通过光刻、电铸来制造 W 波段 0.1 THz 折叠波导,难点主要有如下的几点:

(1) 最大的难点在于中间圆形电子注通道;

(2) 第二个难点是折叠波导的厚度为 2 mm,这对于 LIGA 来说也是很具有挑战性的;

(3) 电铸如此深、如此大深宽比的微结构,电铸的体系、方式和过程等均需要实验验证;

针对如上所述的这几个难点,结合 LIGA 的特点和能力,采用三种方案来进行实验的摸索,

第一种方案:采用嵌丝式进行两步对曝光方式来制备胶膜,如图 3.9(a)所示;

第二种方案:采用分体嵌丝式曝光分别制备两个对称的胶膜,分别电铸,处理后将两半进行键合,而成为整体折叠波导结构,如图 3.9(b)所示;

第三种方案：不嵌丝分别制备两个对称的胶膜，分别电铸，电铸后各自制造半圆形的电子注通道，通过定位进行键合，而成为整体的折叠波导结构，如图 3.9(c)所示。

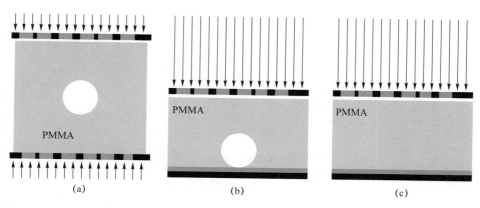

(a)　　　　　　　　(b)　　　　　　　　(c)

图 3.9　LIGA 三种方案示意图

从三种方案中可以看出，对于曝光的难度逐渐降低，但整体性越来越弱，电子注的解决方案越来越依靠后续的其他方法来解决，这几种方法的尝试，都是标准的 LIGA 工艺所不具备的，需要在标准 LIGA 工艺基础上进行再开发，需要采用新的工艺步骤、新的工艺手段来实现折叠波导高频结构的制备。本书针对这些非标工艺进行了大量的实验，胶厚和嵌丝这种创新的工作，出现了各种各样的现象，工艺过程中出现了方方面面的大量的问题，想了很多稀奇古怪的办法来解决遇到的各种工艺问题，最终得到了较为理想的结构，在这些工艺实现的过程中加深了对工艺的理解、强化了工程性的思维能力、提高了分析问题和解决问题的能力，后文有详细的叙述。

3.2　LIGA 技术制造 J 波段 0.3 THz 折叠波导方案

考虑到 0.3 THz 折叠波导与 0.22 THz 折叠波导在尺寸及精度上的差别不是很大，对 0.22 THz 折叠波导已经采用了 UV-LIGA 技术制备的工艺，对工艺的过程、工艺的参数都以进行了详细的实验摸索，而 LIGA 制备 0.1 THz 折叠波导高频结构尺寸又过于太大。因而，对于 0.3 THz 折叠波导主要采用 LIGA 工艺来进行试验。对于 0.3 THz 频段的折叠波导，如图 3.10 所示，相关尺寸如表 3.3 所示，折叠波导宽边尺寸，即其厚度在 LIGA 工艺曝光范围内，因此只采用一种工艺方案，即嵌丝式 LIGA 工艺，如图 3.11 所示。

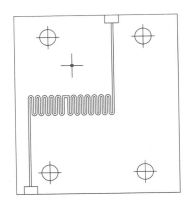

图 3.10   0.3 THz 折叠波导结构

表 3.3   0.3 THz 折叠波导参数

参　　数	参数值
宽边 a	0.5 mm
窄边 b	0.11 mm
周期 p	0.25 mm
直波导高度 h	1.2 mm
通道半径为 r_0	0.2 mm
波导材料	无氧铜

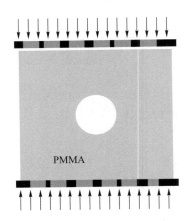

3.11   0.3 THz 折叠波导 LIGA 工艺方案

3.3　G 波段 0.22 THz 折叠波导以及集成级联结构微细制造

设计 G 波段 0.22 THz 折叠波导行波管主要技术指标为:设计目标:电压 15 kV,电流 100 mA,输出功率 P_0＝50 W,增益 Gain＞20 dB。G 波段 0.22 THz 折叠波导行波管的相关参数如表 3.4 所示。

表 3.4　G 波段折叠波导行波管的相关参数

参　　数	参数值
电子注电压	15 kV
电子注电流	0.1 A
输出功率	50 W
增益	20 dB
中心工作频率	0.22 THz

而后在开发的具有自主知识产权的设计仿真软件 IESTWT 上对折叠波导高频结构进行设计、计算、模拟和仿真,分析如表 3.5 所示。图 3.12(a),图 3.12(b)和图 3.12(c)分别表示了设计仿真的相速度、耦合阻抗、衰减与频率的关系,图 3.13 和图 3.14 给出了计算机计算过程和结果的截屏情况。

表 3.5　仿真分析结果

频率/GHz	相速度/$(1 \cdot c^{-1})$	耦合阻抗/Ω	衰减/$(dB \cdot m^{-1})$
210	0.234 907 4	2.510 4	156.658 9
211	0.234 681 7	2.402 5	154.258 6
212	0.234 479 4	2.302 0	152.006 4
213	0.234 298 8	2.208 0	149.889 0
214	0.234 138 4	2.120 0	147.894 3
215	0.233 996 9	2.037 5	146.011 8
216	0.233 873 0	1.959 9	144.232 4
217	0.233 765 6	1.886 8	142.547 6
218	0.233 673 7	1.817 9	140.950 2
219	0.233 596 3	1.752 8	139.433 6
220	0.233 532 6	1.691 2	137.991 7

频率/GHz	相速度/(1 · c^{-1})	耦合阻抗/Ω	衰减/(dB · m^{-1})
221	0.233 481 7	1.632 9	136.619 4
222	0.233 442 9	1.577 5	135.311 7
223	0.233 415 6	1.525 0	134.064 3
224	0.233 399 1	1.475 0	132.873 2
225	0.233 392 8	1.427 4	131.734 8
226	0.233 396 1	1.382 1	130.645 8
227	0.233 408 6	1.338 9	129.603 1
228	0.233 429 8	1.297 6	128.604 0
229	0.233 459 3	1.258 2	127.645 9

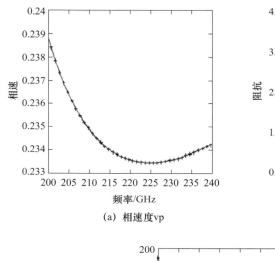

(a) 相速度vp

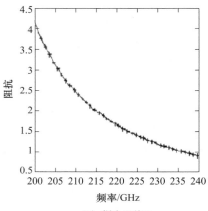

(b) 耦合阻抗Kz

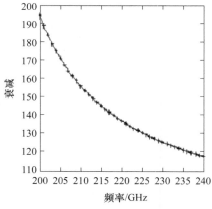

(c) 衰减alpha

图 3.12

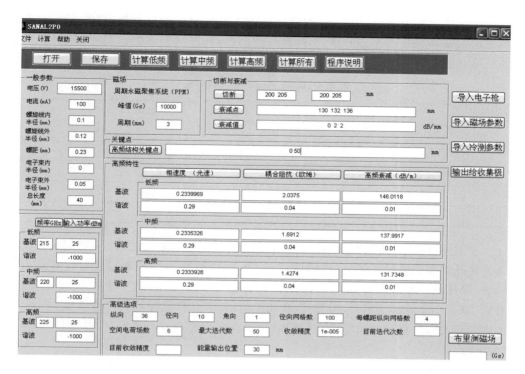

图 3.13　计算机计算截屏图

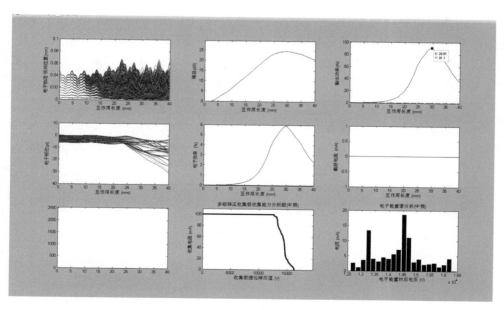

图 3.14　计算机仿真结果

经设计计算仿真,0.22 THz 折叠波导的主要参数如表 3.6 所示,其中 a 为波导宽边长度,b 为波导窄边长度,h 为直波导高度,p 为周期轴向长度,L 为周期弯曲长度,r_0 为电子注通道半径。

表 3.6　0.22 THz 折叠波导参数

宽边 a	0.75 mm
窄边 b	0.11 mm
周期 p	0.23 mm
直波导高度 h	0.31 mm
通道半径为 r_0	0.1 mm
波导材料	无氧铜

在上述折叠波导高频结构设计计算仿真的基础上,对 0.22 THz 集成级联折叠波导高频结构进行了计算,得到针对 0.22 THz 级联双电子束行波管设计仿真如下:设计目标为电压 15 kV;电流 100 mA;输入 $P_{in}=0.5$ mW;输出 $P_o=50$ W;增益 Gain>48 dB。为获得 50 W 饱和功率输出,设计行波管放大器增益为 48 dB。考虑到行波管的耦合阻抗低、高频损耗大,设计采用级联双电子束高频结构设计高增益输出。

1) 第一级行波管放大器:电压 15 kV,电流 100 mA,高频总长 30 mm,输入 $P_{in}=0.5$ mW,输出 $P_o=438.9$ mW,增益 29.3 dB;

2) 中间段损耗为 2 dB,第二级行波管放大器:电压 15 kV,电流 100 mA,高频总长 30 mm,输入 $P_{in}=300$ mW,输出 $P_o=91.6$ W,增益 24.8 dB。

互作用长度与输出功率的设计仿真结果如图 3.15(a) 和图 3.15(b) 所示,级联放大可获高增益输出,获得 54.1 dB 的高增益输出,输入功率 0.5 mW,输出功率达到 94.1 W。

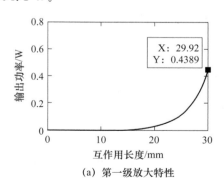

(a) 第一级放大特性

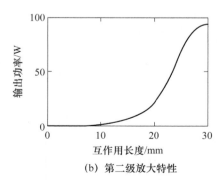

(b) 第二级放大特性

图 3.15

由此可以看出,级联折叠波导有助于行波管的放大性能。同时这种集成折叠波导慢波线除了优越的放大特性外,更重要的是降低了电子的截获,提高了互作用效率,缓解了传统器件的增益、功率和效率不高的问题。

3.3.1 UV-LIGA 技术制造折叠波导方案设计

使用 UV-LIGA 技术,通过光刻、电铸来制造 G 波段 0.22 THz 折叠波导,其基本过程与 LIGA 技术的工艺过程相似,除了使用的曝光光源不同以外,使用的掩膜版也有所不同,UV-LIGA 使用电子束曝光的镀铬玻璃板或者石英板即可,工艺制备的难点也和 LIGA 基本一样,只是还增加了如下两个难点:

(1)大厚度 SU8 胶的匀胶,SU8 胶与 LIGA 的 PMMA 不同,厚度增大以后,很难将其匀平,不平对于紫外光的散射将影响曝光的垂直度,使得胶膜变形;

(2)去除光刻胶问题;

针对如上所述的问题,结合 UV-LIGA 的特点和能力,采用下面两种方案来进行实验的摸索,

第一种方案:采用嵌丝式一步曝光方式来制备胶膜,如图 3.16(a)所示;

第二种方案:采用分体嵌丝式曝光分别制备两个对称的胶膜,分别电铸,处理后将两半进行键合,而成为整体折叠波导结构,如图 3.16(b)所示;

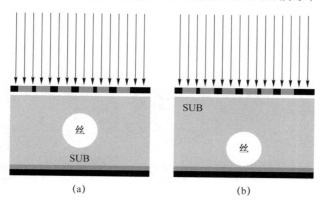

(a)　　　　　　　　　(b)

图 3.16　UV-LIGA 嵌丝工艺两种方案

3.3.2 UV-LIGA 技术制造集成级联折叠波导方案设计

G 波段 0.22 THz 集成级联折叠波导,除了将其中一个折叠波导的输出连到另一个折叠波导的输入端之外,其他与折叠波导基本没有区别,UV-LIGA 制备工

艺过程与上面所述 G 波段 0.22 THz 折叠波导基本一样,只是在嵌丝匀胶的过程中增加了一根丝,但这根丝的位置是固定的,在掩膜版的设计时,这两根丝的位置就已经明确,因此丝的嵌入相对位置必须固定,这增加了该工艺的难点,需要采取专用的夹具来定位丝的相对位置。因此所采取的工艺方案与图 3.13 所示相同,仍然是采取两种方案来进行试验。

3.4 DRIE 技术制造 1.03 THz 折叠波导方案

设计 1.03 THz 折叠波导行波管主要技术指标为:在 10.5 kV 和 3 mA 条件下,1.03 THz 行波管的功率和增益达到设计要求,峰值功率大于 50 mW,带宽大于 10 GHz,增益大于 20 dB。通过三维电磁模拟软件可以计算出该结构的色散曲线、耦合阻抗和衰减常数等注波互作用理论中的特性参量。利用大信号理论程序可以计算出行波管的频率、功率、效率等性能参数,还可以提取包括非同步参量、电子注能量、功率、增益、相位等详细的过程参量,便于优化分析。除了采用大信号理论程序外,还利用商业三维粒子模拟软件进行注波互作用过程模拟,它可以更直观地反映注波互作用过程,已经成为一种非常重要的研究手段,如图 3.17 所示。通过三维粒子模拟软件可以计算在特定结构与尺寸的慢波电路中,不同电压与电流的电子注与电磁场的互作用过程,从而对太赫兹行波管的设计进行验证,并通过观察注波互作用的结果来确定优化的方向。

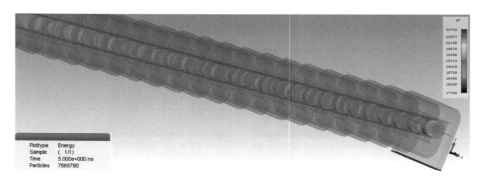

图 3.17 注波互作用过程的模拟结果

经过多轮优化设计,折叠波导慢波结构的尺寸为:

a:0.17 mm,b:0.024 mm,p:0.04 mm,h:0.05 mm,rc:0.02 mm。

1.03 THz 行波管中所使用的微型折叠波导慢波结构同样适合采用 MEMS 微细加工技术中的深硅刻蚀 DRIE 技术路线。DRIE 技术是利用光刻工艺刻蚀硅基片,多次光刻刻蚀后在硅衬底上形成折叠波导的基本结构,再镀以金属膜满足电特性要求,最终键合形成完全金属表面微结构。DRIE 硅刻蚀工艺成熟、镀膜厚度可控、键合精度有保证,制作的结构具有尺寸精度及低成本的优势,正因为这些特点使得 DRIE 技术在制作慢波结构试验件样片时具有极高的可行性。

参考文献

[79] 张克潜.微波与光电子学中的电磁理论[M].北京:电子工业出版社,2001.

[80] 曹凤国.电火花制造技术[M].北京:化学工业出版社,2005.

[81] 郝一龙,李婷,张立宪等.硅基 M 阴 s 技术[J].机械强度,2001,23(4):523－526.

[82] 赵万生,王振龙.微细电火花制造技术的进展[J].中国机械工程,2002 年.

[83] 王阳元,武国英,郝一龙等.硅基 MEMS 制造技术及其标准工艺研究[J].电子学报,2002,11,1577－1584.

[84] 洪永强,蒋红霞.微电子机械系统及硅微机械制造工艺[J].电子工业技术,2003,24(5):185－188.

[85] 戴亚春,周建忠,王匀等.MEMS 的微细制造技术[J],机床与液压,2006,15,15－19.

[86] 许高斌.MEMS 表面微制造工艺技术[J],测控技术,2006,4,26－29.

[87] 牛君,刘云桥.MEMS 技术的发展与应用[J].高新技术,2007,231－235.

[88] 陆希成,童长江,王建国等.太赫兹真空电子器件微制造技术及后处理方法[J].真空科学与技术学报,2013,33(6):506－516.

[89] Colin D J, Jeffrey P C, et al. UV-LIGA microfabrication of 220 GHz sheet beam amplifier gratings with SU－8 photoresists[J]. 2010 J. Micromech. Microeng. 20 125016.

[90] Joye C D, Calame J P, Nguyen K T, Pershing D, Larsen P, Garven M, Park D, Bass R and Levush B 2011 Microfabrication of wideband, distributed beam amplifiers at 220 GHz Proc. 12th IEEE Int. Vacuum Electronics Conf. (Bangalore, India) (New York: IEEE) pp 343－345.

[91] Mohamed Gad-el-Hak MEMS Introduction and Fundamentals [M]. London: Taylor & Francis Group. 2006.

[92] Mohamed Gad-el-Hak MEMS Design and Fabrication [M]. London: Taylor & Francis Group. 2006.

[93] Mohamed Gad-el-Hak MEMS Applications [M]. London: Taylor & Francis Group. 2006.

［94］ E. W. Becker, W. Ehrfled, ect. Fabrication of microstructures with high aspect ratios and great structural heights by synchrotron radiation lithography, galvanoforming, and plastic moulding (LIGA process). Microelectronic Engineering 4(1986)35 − 56.

［95］ D. W. L. Tolfree, The status of deep X-ray lithography in the UK for the development. HARMST'99, 13 − 15, June 1999. Kisarazu, Japan.

［96］ Mark McNie, etal. High aspect ratio micromachining (HARMST) technologies for microinertil devices. HARMST'99, 13 − 15, June 1999. Kisarazu, Japan.

［97］ Chantal Khan Malek, etal. Deep etch x-ray lithography at the advanced light source: First results. J. Vac. Technol. B, Vol. 12, No. 6, Nov/Dec 1994.

第4章 折叠波导制备的关键工艺技术

本章对折叠波导制备的几种制造方法的关键工艺技术进行分析,并在大量的实验经验和总结多次失败教训的基础上,给出可行的、具体的工艺步骤及参数。针对超精密电火花线切割工艺主要包括电子注通道细长孔的制备以及防止切割变形,在理论分析的基础上对制造参数和制造工艺进行优化;针对 LIGA 工艺主要是X 光厚吸收体掩膜的制备以及嵌丝 PMMA 光刻胶的制备;针对 UV-LIGA 工艺主要是 SU8 厚胶的制备以及精密深度微细电铸工艺的实现。

4.1 超精密电火花线切割工艺的关键技术

使用超精密电火花线切割工艺制造折叠波导高频结构中,对于蛇形线的制造主要针对折叠波导窄边宽度采用适当的细丝即可以进行制造,W 波段 0.1 THz 折叠波导窄边的宽度为 0.3 mm,厚度 2 mm,这对于目前的线切割机只要能用直径 ϕ0.1 mm 的丝既可以解决,但是对于电子注通道,直径 ϕ0.4 mm,长度或者高度接近 100 mm,长径比高达 200 以上,况且需要的最终直径是 ϕ0.4 mm,穿丝孔在非常直的情况下,最大不能超过 ϕ0.3 mm,考虑装夹误差、放电找中心等因素,使用的切割丝直径最大不能超过 ϕ0.1 mm。由此可见,要用 ϕ0.1 mm 的细丝去切割100 mm 厚的无氧铜,这无疑是解决折叠波导高频结构的关键技术之一。另外,切割外形、切割蛇形线等,都是属于薄壁切割,采用各种方法防止切割中的变形也是该工艺的关键技术之一。

4.1.1 电子注通道细长孔的制备

对于电子注通道细长孔,使用阿奇夏米尔的 VERTEX 2F 机床来制造,实验中考虑到找中心的放电短路等问题,先用 ϕ0.07 mm 的细丝来进行清除性切割,而后再采用 ϕ0.15 mm 的细丝来切割,因为该机床使用 V 型导丝器,更换丝很方便,并且中心点自动进行切换,如图 4.1 所示,这给切割带来较大方便。

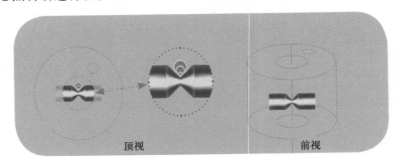

顶视   前视

图 4.1 V 型导丝器示意图

当使用 $\phi 0.07$ mm 的细丝切割时,由于丝细、孔深,切割过程中电极丝的振动成为切割难以持续下去的主要因素。在电火花线切割制造过程中,电极丝的振动主要由两部分组成:

(1)电极丝轴向的不断移动而产生的自振。

(2)电极丝在放电力的作用下受迫振动。

由于超精密电火花线切割制造中电极丝的卷动速度较慢(2~60 mm/s),远远慢于其他类型机床运丝的速度,所引起的振动也比较小,电极丝的自振可以忽略不计。而制造中的各种作用力是微细电极丝产生振动的主要原因。在电火花线切割制造过程中,作用在电极丝上力主要包括轴向拉力 T,静电力 Q,放电力 F,阻尼力 f 等作用力[79],如图 4.2 所示,各种力的详细说明如下:

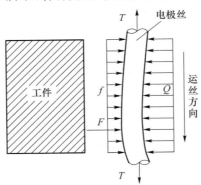

图 4.2 电极丝在制造间隙中受到的作用力

(1)轴向拉力 T 也称为电极丝的张力,它可保证电极丝时刻处于正确的制造位置。当电极丝受到其他作用力的干扰而产生径向位移时,轴向张力的水平分量具有使电极丝恢复到正常的制造位置的趋势。稳定而适度的张力是电火花制造的基本保障。

（2）静电力 Q 产生在工件和电极丝之间的电场中。它作用在电极丝与工件的重合区域，并沿电极丝轴向方向分布。静电力的大小与工件和电极丝之间的电场强度及距离有关。

（3）放电力 F 是由火花放电而产生的作用力，放电力作用在制造区域的电极丝上。由于电火花放电过程中伴随有电学，磁学，热学等现象，所以放电力也是一个包含多种作用力的综合力。其主要包括：工作液气化形成的气泡压力、金属熔化膨胀而产生的冲击力、脉冲放电时放电压力、电磁场产生的电磁力等。由于电子注通道孔的间隙比较狭窄，工作液气化产生的气泡难以顺利排出，造成制造间隙中气泡压力较大。因此，放电间隙中的气泡压力成为影响放电作用力的主要因素，也是造成短路的主要原因。

（4）阻尼力 f 主要来源于放电间隙中工作液和电蚀产物。

对于上述的各种作用力，轴向拉力和阻尼力具有使电极丝振动减小的作用，由于阻尼力不可调整，轴向拉力是可调的，因而需要根据情况进行轴向拉力的调整；而放电力和静电力则会增强电极丝在制造中的振动幅度，由于制造的折叠波导电子注通孔很厚，工件和电极丝之间的电场力和放电力是驱动电极丝在制造间隙中不停振动的主要动力。

电极丝的振动方向有沿进给方向的振动和垂直于进给方向的振动即横向振动。由于制造间隙只与电极丝的横向振动幅度有关，因此下面将主要围绕电极丝在制造间隙中的横向振动问题进行分析。

折叠波导高频结构的电子注通道孔的电火花线切割制造中电极丝振动情况的截面如图 4.3 所示，详细分析如下：电极丝上一质点 M，假设 M 点在放电力的作用下以一定的速度沿 Y 轴正向运动，当 M 点与工件的右侧壁之间的距离等于击穿间隙时，M 点与工件产生放电，放电力 F 对电极丝产生一个反向的推力，使得 M 点以一定的初始速度沿 Y 轴负向运动，同样，当电极丝与工件的左侧壁发生放电后，M 点又向 Y 轴正向运动，至此完成一个振动周期。在一个振动周期内，除了在工件两端承受放电力的冲击作用之外，制造间隙中的阻尼力及与工件两侧壁产生的静电力也同时作用在电极丝上，电极丝在制造间隙中一直进行多周期的受迫振动。

在稳定的制造过程中，放电力的大小均匀，对电极丝的冲击作用近似相等，导致电极丝在每个横截面上的最大振幅近似相等，最终形成的切缝宽度才能保持一致。但如果在制造过程中电极丝经常出现短路回退等不稳定状态时，电极丝的振动幅度也会发生变化，导致一些横截面上的制造间隙出现波动，制造工件的表面会出现垂直条纹。

在上面的分析基础上，实验制造中开始用 $\phi0.07\ mm$ 的细丝切割时，遇到的最大问题就是经常短路回退，放电的参数调小可以降低放电力，但放电参数调小之后，孔很长导致微细的放电又无法去除金属，这是非常难办的事情，也正是数据库

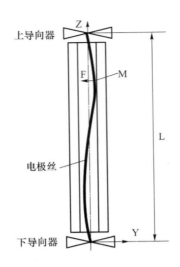

上导向器

电极丝

下导向器

图4.3 电极丝的横向振动过程

中制造参数中给定 $\phi0.07$ mm 所能制造的最大高度为 20 mm 的原因。针对折叠波导这种特殊的孔,只能采用极端情况下的试切工艺,慢慢调整参数,当开路之后立刻将参数调整至切割 20 mm 高的参数上来,将切割速度下调至最低,经过反复多次的冲击,将内孔切至 $\phi0.35$ mm 左右,而后再换丝,采用 $\phi0.15$ mm 的细丝来进行一次精细切割。

我们通过以上的步骤,经过反复的试验,实现了折叠波导电子注通道细长孔的制造,对这一关键工艺有了突破,并对超精密细丝线切割的原理有了深入的了解,并能在理论的指导下加以运用和适当的调整。

4.1.2 防止切割变形

电火花线切割制造是利用火花放电产生的热能来蚀除工件的,在制造过程中不存在宏观力的作用,因此可以保证所制造零件的微小特征不会被外力所破坏。但是电火花制造过程中并非没有力的作用,每次火花放电的微观过程是电场力、磁力、热力、流体动力、电化学和胶体化学等综合作用的过程[80]。当所制造零件的特征尺寸相对较大时,这些作用力的大小可以忽略不计。但是当所制造零件的特征尺寸减小到一定程度时,放电过程中所产生的各种作用力将逐渐地显现出来,对微小结构或薄壁结构造成一定的损伤。这不仅会影响零件的制造精度,甚至还可能导致制造零件的失效。因此,要采取适当的工艺,控制制造过程中工件产生的变形,主要包括两方面:一方面在制造工艺上改进,另一方面在制造的放电参数上进行改进。

针对制造工艺方面,经过大量的实验,我们总结出了如下的制造工艺:首先,在制造前对材料进行预处理,在氢炉中以 10 ℃/min 的速率升至 500 ℃,保温20 min,而后以 5 ℃/min 的速率将至室温,这样可以将材料中存留的内应力减小。而后,在切割工艺方面采用断续切割的方法,即不是将结构从头切至尾,而是一段一段来切,从两边向中心靠近,这样的工艺对应力的释放很有好处。

在放电参数的改进上,经过实验的摸索,我们克服了切割起始时经常短路的现象,主要是通过减小脉冲电源的单脉冲放电能量,和降低放电频率,如此降低工件表面受到的热冲击,从而制造出不易变形的折叠波导高频结构。

4.2 LIGA 工艺的关键技术

LIGA 工艺主要是三步,即光刻、电铸和塑铸,在折叠波导高频结构的制备中不涉及塑铸,只有光刻和电铸,电铸与 X 光射线无关,只是使用光刻后的胶膜做电铸用的模具,由此可见,光刻才是 LIGA 工艺的核心,而 X 射线光刻工艺的关键技术是掩膜版的制备以及适合折叠波导高频结构的嵌丝 PMMA 光刻胶的制备。

4.2.1 LIGA 工艺的掩膜制备

LIGA 技术的掩膜制造是非常复杂的,也是非常困难的,掩膜的制备是 LIGA 工艺成功的关键。LIGA 工艺的掩膜与常规光刻的掩膜是完全不同的,常规光刻的掩膜采用电子束曝光的镀铬玻璃板或石英板,而 LIGA 工艺使用的掩膜版是适用于 X 射线的掩膜版。

LIGA 掩膜版一般由三个部分组成:吸收体,支撑膜和支撑体,如图 4.4 所示。吸收体由所要光刻的图案组成,具有各种所需要的结构,吸收体用来阻挡同步辐射 X 光的通过,吸收体材料需要是重金属,对 X 射线具有强烈的吸收,以便有效地阻挡 X 光通过,一般为金,钨等原子序数较高的重元素材料[81]。支撑膜的作用是支撑住吸收体金属图形,同时还要对 X 射线有很好的透过,其材料为密度较小的轻元素,也可以是有机薄膜,通常使用的材料有 Be,Ti,SiN,SiC 等[82-84]。

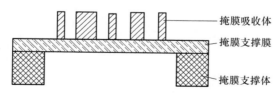

掩膜吸收体
掩膜支撑膜
掩膜支撑体

图 4.4 X 光掩膜结构图

LIGA 掩膜版要求吸收体图形有非常大的吸收厚度,也就是吸收体图形要很高,通常要求在 $10~\mu m$ 以上[85,86]。这样深的微细结构,本身就是非常复杂和困难的。

针对折叠波导的特点,我们在大量实验的基础上,经过多次失败,克服各种困难后,总结了折叠波导掩膜版的制备过程,本实验中的折叠波导 X 射线掩膜制作过程如下,示意图如图 4.5 所示:

(1) 按照折叠波导的微结构设计,制造一块原始微结构铬版,也就是光学掩膜版;

(2) 在硅片上旋涂一层聚酰亚胺膜,约 $25~\mu m$ 厚,通常的厚度一般为 $10\sim15~\mu m$ 厚,但因为折叠波导的厚度较厚,故对该支撑膜进行了适当加厚;

(3) 在聚酰亚胺膜上溅射 Cr 和 Au;

(4) 旋涂一层紫外光刻胶,正胶或负胶均可,依掩膜版而定,本实验使用正胶,因为正胶在后面的工艺中,去除相对简单些,但正胶对电铸液的要求较高;

(5) 使用第一步中的光刻板进行紫外光刻;

(6) 显影后电铸 $25~\mu m$ 的 Au 吸收体,一般使用 $10\sim15~\mu m$ 厚,同样因为折叠波导较厚的原因,适当进行了加厚;

(7) 去除光刻胶,露出光刻胶底面的 Au 层;

(8) 刻蚀掉金属层,包括 Au 和 Cr 层;

(9) 反向挖蚀硅片窗口,直到聚酰亚胺薄膜层露出;

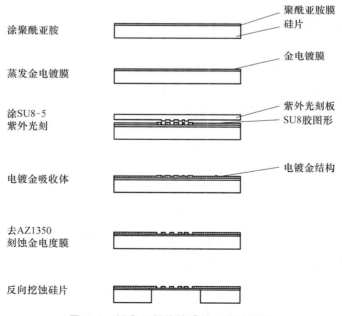

图 4.5 制造 X 射线掩膜的工艺流程图

通过以上步骤,制备好了 X 射线掩膜版,从中可以看出,在掩膜的制造中,由于工艺环节较多,不论哪一环出了问题,掩膜版都不会成功。其中,要严格控制胶的厚度,防止胶的脱落,控制电铸的钻蚀,去胶要去干净等。

上述步骤中,金吸收体结构是掩膜的一个非常重要的性能指标,是深度光刻能否成功的关键因素,而金吸收体是由电铸形成的,而且本实验中的 Au 的厚度在 $25\ \mu m$ 左右,是属于深度电铸,故电铸液的配方和电铸的参数对结构的影响非常大,本实验中使用的金电铸液和电铸参数是在经过很多次实验后,充分考虑了光刻胶与电铸液的匹配后,不断优化后得出的结果,该配方所电铸出的金吸收体内应力很小,结构稳定不变形。电铸液的配方如表 4.1 所示。在电铸时,使用脉冲电铸电源,脉冲频率 1 000,占空比 1:10。

表 4.1　金吸收体电铸液配方

成　分	含　量
金	13 g/l
亚硫酸钠($Na_2SO_3 \cdot 7HO$)	160 g/l
柠檬酸钾($K_3C_6H_5O_7$)	90 g/l
氯化铵(NH_4Cl)	80 g/l
pH	8～10
温度	40 ℃～60 ℃
阴极电流密度	0.3 A/dm²

可以看出,X 射线掩膜金吸收体结构是掩膜最重要的性能指标,直接影响着深度光刻结构,通过本实验的开展,在大厚度掩膜制备过程中,通过电镀金结构的研究,完全掌握了掩膜金吸收体结构的制造这一关键的工艺细节。

掩膜的制造技术是非常复杂和困难的,并不比 LIGA 技术本身难度小,掩膜制备的过程即是一次 UV-LIGA 工艺过程。经过大量实验的积累,解决了 LIGA 工艺中出现的大量问题,目前可以制造出针对折叠波导特殊要求的 LIGA 技术掩膜,为 LIGA 技术的顺利开展提供了保证。

我们经过反复的实验,克服了电镀金过程中的各种困难,解决了厚金吸收体制备的工艺过程,制造出了 0.3 THz 折叠波导慢波线的掩膜版,如图 4.6 所示,该掩膜版的金吸收体厚度为 $15\ \mu m$,每次制备好嵌丝的 PMMA 光刻胶后,可以光刻出 2 块胶膜,而后去电铸。

图 4.6   掩膜版

4.2.2   嵌丝 PMMA 光刻胶制备

标准 LIGA 工艺的 PMMA 光刻胶不带有嵌丝,只要将光刻胶制好,即可进行 X 射线光刻,但本实验中为了形成圆形电子注通道,需要在光刻胶厚度的正中间嵌入丝,这就增加了光刻胶的制备难度,另外嵌丝的工艺也相当复杂,嵌入丝的位置、丝的张紧力等都需要进行试验,进行有针对性的工艺开发,嵌丝光刻胶制备的成败决定了后续工艺的是否成功。因此该步工艺是制备折叠波导高频结构的关键一步,由于 LIGA 工艺的 PMMA 光刻胶与通常使用的光刻胶有着多方面,甚至本质的不同,因此进行详细阐述。

光刻胶是一种对光源有感应的有机物质,它可分为正胶和负胶。正胶是一种高分子有机物,被光照射的部分将发生裂解,在显影时被显影液溶解,这样得到的胶图形就与所使用的掩膜版具有相同的图形结构,故此得名正胶;负胶是一种低分子量有机物,被光照射的部分将发生光聚合反应,生成分子量较高的化合物,在显影过程中,将不受显影液的溶解影响。相反,未受光照射的部分在显影液中将被溶解掉,这样在显影完成后,就形成了与使用的掩膜结构相反的光刻胶结构,故此得名负胶[87]。

X 射线光刻与紫外光刻对光刻胶的光化学反应,有着本质的不同。紫外光刻是利用光的能量,使分子间进行交联,聚合,或重排。而对于 X 射线光刻,X 光对光刻胶的作用是一种辐射化学效应,光刻胶以指数衰减的形式将 X 射线吸收,在它吸收 X 射线后,将产生出二次电子等产物,这些二次电子将引发辐射化学反应,使光刻胶发生交联反应或断裂反应。

PMMA(聚甲基丙烯酸甲酯)是一种光刻胶,在同步辐射 X 光的强穿透能力作用下,光刻胶的分子链打断,使高分子变成小分子。在有机溶剂中,小分子的光刻胶将被溶解掉,未曝光的大分子部分将保留不变,这样就形成了与 X 光掩膜相同的胶结构图形。

用于 LIGA 技术深度光刻的 PMMA 并非用于亚微米光刻所使用的 PMMA 光刻胶,这两种 PMMA 光刻胶有着本质的区别。亚微米光刻的 PMMA 胶是没有交联的,用溶剂将其溶解,然后再将溶剂挥发掉。而深度光刻使用的 PMMA 胶具有空间交联结构,其分子量是无穷大的,在光刻胶的制备原理上,深度光刻的 PMMA 胶需要用单体 MMA 将其溶解,在制备时加入引发剂和交联剂,使单体 MMA 和 PMMA 产生共聚合,形成一空间网状结构。该 PMMA 胶具有非常好的化学稳定性和较高的机械强度,这样才能够使其制造出的胶结构能够达到高宽比在 100 以上的结构[88,89]。

在 LIGA 用 PMMA 光刻胶制备时,首先将制备好的 PMMA 溶于适量的 MMA 中,待溶解完成后得到一黏稠透明溶液,然后加入适量的表面处理剂 KH－570(methacryl oxypropyl trimethoxyl silane),交联剂 EDMA(ethylene dimethacrylate)及增塑剂邻二甲酸二丁酯(dibutyl phthalate)。这样就得到了一黏稠,透明的 PMMA 胶溶液,其典型成分如表 4.2 所示[90-92]。

表 4.2　PMMA 光刻胶配比表

成　　分	单位/g
PMMA	3
MMA	7
KH－570	0.1
EDMA	0.2
Dibutyl phthalate	0.45

上述得到的溶液是比较稳定的,在低温或常温下不会发生聚合。为使 PMMA 溶液聚合,还需要在光刻胶涂制时加入 6 毫克引发剂 BPO(过氧化苯甲酰),8 毫克 DMT(N,N-二甲基甲苯胺)。将上述的引发剂加入制备好的 PMMA 溶液内,进行搅拌均匀,经过这些工艺制备好的 PMMA 胶才可以用于 LIGA 工艺的涂胶[93,94]。

在实验的开展中,我们经过大量实验,总结多次失败经验的基础上,最终确定了针对折叠波导高频结构的嵌丝 PMMA 光刻胶的涂胶过程,如图 4.7 所示,首先将含有引发剂的 PMMA 混合溶液倒入事先已经准备好的嵌有聚合单丝的垫环的基体 Wafer 上,然后用一盖板将 PMMA 混合溶液盖住,再在其上加一重锤压住,而后将整个样品放入烘箱内加热,慢慢加热到 100 ℃,保持 5 小时以上,使 PMMA 和 MMA 在引发剂的作用下充分交联和固化,待 PMMA 和 MMA 充分交联后,将温度缓慢降到室温,为了消除光刻胶内部的应力,可以将此过程循环一至两次。

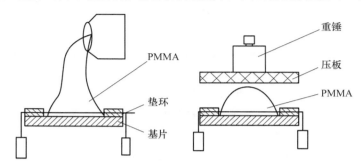

图 4.7　PMMA 光刻胶涂制过程示意图

折叠波导高频结构 PMMA 光刻胶的制备中,嵌入聚合单丝的过程比较重要,对嵌入丝的要求主要有:(1)其位置是按照设计的折叠波导宽边的厚度的一半的位置,这一点主要是通过设计、制造垫环来保证;(2)丝要保持平直,不能有弯曲,这一点通过重物将丝采用拉直的办法来解决;(3)将胶固化的过程中,温度较高,丝会受热产生变形,这些变化的量值预先进行补偿。我们在经过大量的实验后,反复匹配相关的参数,经过优化,终于摸索出了适宜的参数,实际制作的一块 PMMA 胶如图 4.8 所示。

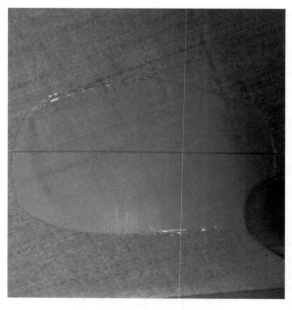

图 4.8　嵌丝的 PMMA 胶膜

另外 PMMA 的光化学过程比紫外光刻过程要复杂得多,胶膜结构的形成、内应力的变化和机械强度等都受光化学作用的影响,因此 PMMA 的光化学作用过程需要了解,这对于工艺过程及参数的优化具有非常重要的意义。

PMMA 光刻胶的光化学过程主要表现在,当 X 光入射到 PMMA 胶内时,入射光子的能量将使 PMMA 的化学键断裂;与此同时,被 PMMA 吸收的光子将产生更多的二次电子,这些二次电子又加速了 PMMA 分子键的断裂。断裂后的 PMMA 分子量将减小,在显影液中将被溶解掉。

对于普通未交联的 PMMA 光刻胶,在紫外光的照射下,将产生如图 4.9 所示的裂解反应[95],裂解后低分子量的 PMMA 将在后序的显影工艺中被溶解掉,而未被照射的 PMMA 将保留不变,这样就得到了 PMMA 胶结构。

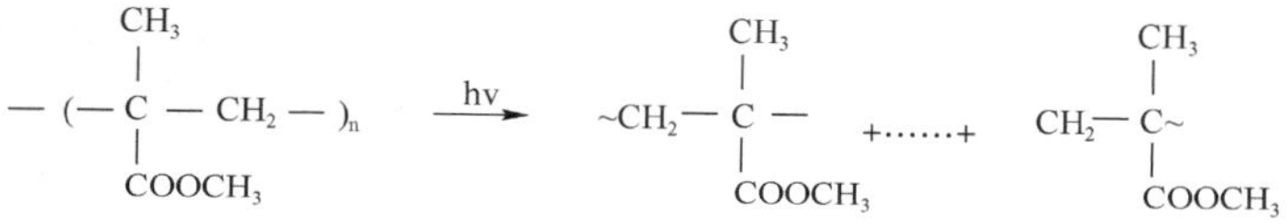

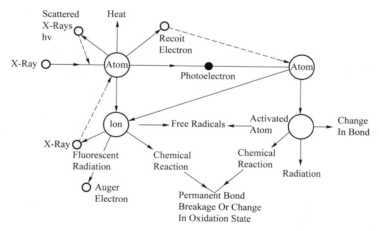

图 4.9 PMMA 裂解反应式

对于 X 光光刻,其光刻原理也是与紫外光相同,X 光照射部分的 PMMA 将发生裂解,分子量降低,这样在显影液中就被显掉,未被显掉的 PMMA 就形成了胶结构图形。由于 X 射线能量较高,对光刻胶的作用也较复杂,它对光刻胶的作用可以用图 4.10 表示为[96]:

图 4.10 X 光与光刻胶原子的作用示意图

光刻胶原子在吸收 X 光的同时,将产生热,光电子,散射 X 光子,离子等多种产物,而这些产物又进一步与光刻胶原子发生作用,生成新的产物,所以其作用过程要比紫外光和电子束的作用复杂得多,影响胶膜微结构的因素也非常多,而胶膜的精度和结构质量直接影响到最终产品的结构性能。本实验中的嵌丝胶膜,虽然只是增加了一根丝在其中,但是在实际的实验中却产生了非常多的问题,主要有丝与胶的理化性能不同,受热后的变化不同,而这些热的来源是伴随着整个工艺的不同步骤中是不统一的,这就导致胶膜产生应力、变形等,经过大量的实验,逐步克服了这些困难。

4.3　UV-LIGA 工艺的关键技术

UV-LIGA 工艺主要是使用紫外光源曝光 SU8 胶,而后与 LIGA 工艺一样利用胶膜进行电铸,紫外光源由 I 线 500 W 汞灯提供,曝光的时间需要根据基体情况以及胶的厚度等因素进行试验摸索。可以看出关键工艺技术是制备出满足折叠波导高频结构设计要求的嵌丝 SU8 胶厚胶,只要有了厚度一致的厚胶,再加上稳定可靠的电铸,UV-LIGA 工艺就可以制备折叠波导高频结构了。由此可见,嵌有聚合单丝的 SU8 厚胶的制备以及精密微细深度电铸工艺是 UV-LIGA 工艺的关键技术。

4.3.1　SU8 厚胶制备

UV-LIGA 工艺与 LIGA 工艺一样,SU8 厚胶的制备,尤其是嵌有聚合单丝的厚胶的制备,也是 UV-LIGA 工艺的关键技术之一。UV-LIGA 工艺目前主要是使用 SU8 系列光刻胶,高聚物 SU8 光刻胶是由 IBM 公司在 1995 年提出的一种基于双酚 A 型环氧树脂(EPONSU8)的负性、环氧型、近紫外光刻胶。它具有优良的物理、机械、光学、力学、抗化学腐蚀以及热稳定性能。SU8 胶的最重要的特点是在紫外光范围具有很高的透明度。由于 SU8 胶的这一优点使得人们可以利用传统的紫外光刻设备实现厚胶的曝光,从而成为制作高深宽比结构的首选胶。SU8 是一种透明固体环氧树脂,它平均具有 8 个官能环氧团使光刻胶的灵敏度达到最大。SU8 树脂理想的化学结构如图 4.11 所示[97]。

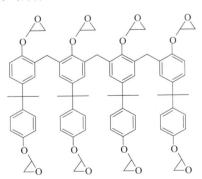

图 4.11　SU8 化学结构

本实验中为了形成圆形电子注通道,与 PMMA 光刻胶的制备一样,也需要在光刻胶的正中间嵌入丝,UV-LIGA 工艺对丝的要求很严,要求丝是能够透过紫外光的,并且丝的折射率要与 SU8 光刻胶接近,不像 LIGA 工艺对丝的折射率要求不严。试验中,基体 Wafer 使用的是无氧铜片,而非 MEMS 工艺中常用的硅片或玻璃片,铜片在使用之前要磨平、抛光,基本上达到硅片的平整度和平行度要求。在无氧铜表面匀胶,0.22 THz 折叠波导厚度为 0.75 mm,由于胶较厚,烘胶过程中,溶剂会从胶体中挥发,造成胶的表面不平,致使后续的光刻产生散射现象,造成不该感光部位的胶感光,这在后续的显影过程中是显不掉的,胶膜有问题之后,以此为模具的电铸铜结构自然达不到设计的要求。因此 UV-LIGA 制备 0.22 THz 折叠波导高频结构的首要问题是实现大厚度 SU8 胶的匀胶问题,而且,胶里面还嵌着丝。厚胶制备的过程主要包括匀胶、烘胶。

匀胶的目的是在铜片表面形成厚度均匀、附着性强、并且没有缺陷和气泡的光刻胶膜。涂胶之前,铜片需要经过清洗和脱水烘焙,提高光刻胶层与铜片表面之间的附着性。其工作原理是将滴在基片上的光刻胶通过旋转基底所产生的离心力均匀的滩涂在基片表面。由于不同的光刻胶的黏度不同,与基片的附着力也不同,因此通过匀胶后的胶膜厚度也不相同。一般胶膜较厚的负性光刻胶,在曝光时光刻胶的分辨率较低,而胶膜较薄时,显影和刻蚀时光刻胶的抗腐蚀力较差。因此,在选择光刻胶膜厚时,应全面考虑分辨率和抗腐蚀力两者之间的矛盾,才能制备出分辨率较高抗腐蚀力较强的光刻胶微结构;还应严格控制转速、时间等工艺参数,获取预先设定的胶膜厚度。实验中采用 SU8 - 2000 系列中的 SU8 - 2150 光刻胶,SU8 - 2150 是 SU8 - 2000 系列中黏度最大的光刻胶,也是目前可以将微结构做的最厚的光刻胶。MicroChen 公司给提供了 SU8 - 2150 光刻胶胶膜厚度与转速相对应的曲线图,如图 4.12 所示[98]。

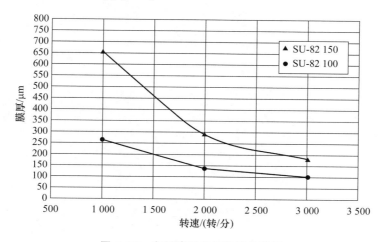

图 4.12　光刻胶厚度与转速曲线图

因为 0.22 THz 折叠波导高频结构的宽边厚度为 0.75 mm,从图 4.12 中可以看出,匀胶过程中,由于胶的厚度较厚,直接甩胶很难实现,并且胶在烘胶之后,溶剂会挥发,体积会缩小,胶的厚度会降低,为保证烘胶后胶的厚度,可以按下面的(公式 4-1)来计算,h_f 是胶膜的最终厚度,V_i 是胶的初始体积,α 是胶的固化率,S 是胶摊开的面积:

$$h_f = V_i \alpha / S \qquad\qquad (式 4-1)$$

我们经过大量实验,总结出适合的匀胶工艺,主要是采用低速匀胶结合模具来保证胶所需的厚度。具体的过程为,首先,在铜片上放好模具,固定透明单丝,此单丝用来形成横贯波导的电子注通道,将无氧铜片预热至 45 ℃,而后滴入定量的 SU8 胶,匀胶速度选择 100 rpm,待胶均匀铺平后,放在热板上烘胶,以 2.5 ℃/min 升到 65 ℃,保温 30 分钟,然后以 1.5 ℃/min 升到 95 ℃,保温 10 小时,而后 1.5 ℃/min 降到室温,烘胶结束。烘胶所用专用模具如图 4.13 所示,模具采用 PDMS 制备,厚度预先计算好,经此模具烘出的胶膜厚度可以达到需要的厚度,这样就确保了胶厚度的一致性,这对于后续光刻参数的固化是非常有利的。否则,如果没有模具的限制,胶在 95 ℃时会向四周摊开,导致胶的厚度变薄,而且由于多种因素的影响,胶的厚度每次都不一样,这对于后续的光刻步骤,带来巨大的麻烦。通过该模具,可以实现参数的固化,并有利于查找影响因素。烘胶后的胶膜如图 4.14 所示,胶的表面平整,没有波纹的出现,这样可以避免光刻过程的精度误差。

图 4.13　烘胶用模具

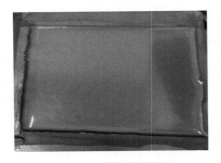

图 4.14　软烘后的胶膜

　　另外,对于集成折叠波导高频结构涉及的厚胶制备,不仅需要对嵌入的丝的位置进行精确的定位,包括丝的高度和丝的相对位置,丝的高度通过定位高度槽来保证,定位槽如图 4.15 所示,聚合单丝刚好从槽中穿过,高度得以固定,在同一定位槽夹具上制造出三个或者多个这样的槽,则可以用于丝相互间的定位,这样与光刻板的位置一一对应,则可以进行集成级联折叠波导胶膜的制备。

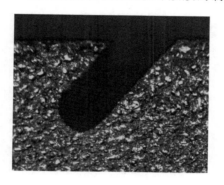

图 4.15　定位槽

　　嵌有聚合单丝的 SU8 胶在烘胶过程中,嵌入的丝会发生热伸长,导致丝的位置会发生改变,这主要是因为 SU8 的烘胶与 PMMA 的固化不同,PMMA 可以不用聚合单丝,只要能透过 X 光即可,但 SU8 胶必须用透明的聚合单丝,烘胶过程中,受热变形,如图 4.16 所示。

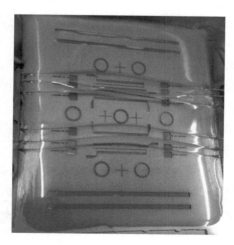

图 4.16　嵌丝 SU8 胶

　　为了解决集成级联折叠波导 SU8 厚胶制备问题,经过多次实验,采用图 4.17 所示的辅助丝定位模具,来协助嵌丝厚胶的烘胶过程。主要是将该定位模具固定在铜基体上,聚合单丝通过定位槽的定位后穿到该模具上,用两侧的螺钉固定单丝,螺钉可以旋进、旋出,从而调节丝的张紧力。张紧力必须在一定的范围内,太小丝容易变形,张紧力太大一方面丝会变细,另一方面丝中的内应力不易去除,导致后面曝光显影后,胶膜变形。经过实验的摸索和积累,合适的张紧力在 0.75 kg 比较合适。

图 4.17　聚合单丝定位夹具

4.3.2　深度电铸

深度电铸是 LIGA 技术和 UV-LIGA 的重要部分,当胶膜准备好后,通过深度微细电铸工艺将胶膜转换成金属微细结构。由于电铸是在非金属胶膜内沉积出金属结构,且一般情况下,胶膜的高宽比都比较大,这更加增大了电铸的难度。因此,深度电铸工艺是非常关键的一个步骤,也是关键的技术之一。

电铸与电镀在原理上是相同的,都是利用溶液中的金属离子在获得电子后,成为金属原子,而从溶液中析出,黏附在外加电场的阴极表面。电镀一般是在光滑金属表面上沉积一层金属,而电铸是在一非金属形成的模内沉积出一金属结构。可以说,电铸是电镀的一种特殊应用。

从工艺的条件和要求看,电铸要比电镀难得多。对于 LIGA 技术和 UV-LIGA 技术,其高宽比很大,甚至高达 100 以上,这就意味着电铸需要在一高宽比很大的缝或孔内均匀沉积出平整的金属结构[99-102]。图 4.18 给出了电铸的一个工艺过程示意图。在金属基底的表面上,拥有一非金属的胶结构,如图 4.18(a)所示,这就是要进行电铸的结构。电铸时,金属开始从金属的基底表面沉积,并逐渐沉积出一定厚度,如图 4.18(b)所示。随着沉积的进行,最后达到和胶结构相同的高度,如图 4.18(c)所示,这就完成了电铸的过程。然后,将光刻胶去除,就得到了金属结构,如图 4.18(d)所示。

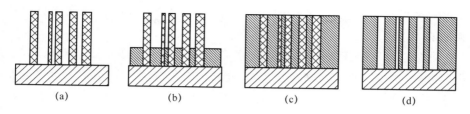

(a)　　　　　(b)　　　　　(c)　　　　　(d)

图 4.18　LIGA 和 UV-LIGA 工艺电铸的过程示意图

图 4.18 示意图是非常理想的,实际电铸时,由于电场分布不均匀,电流效率和应力等许多因素的影响,沉积的金属很难均匀生长,况且折叠波导高频结构作为真空电子器件对材料的要求很高,对电铸件的晶粒大小、金相组织、织构特点、致密性、表面光洁度等都有着严格的要求,因此需要对微细电铸工艺过程及特点进行深入分析,并通过大量的实验进行优化,主要包括电铸液的配方、配比,pH 值,过滤,电铸参数控制等方面。

电铸的电化学过程是一个非常复杂的过程,也可以说是金属生长的过程,图 4.19 给出了金属离子在阴极上镀出而形成金属的过程。这一过程是由多个步骤完成的,其步骤简化后可分为[103]:

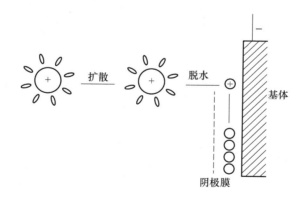

扩散　　脱水　　基体　　阴极膜

图 4.19　金属离子在阴极上镀出而形成金属的过程

(1)金属的水化离子在电场的作用下,向阴极扩散。

(2)金属的水化离子脱水并与阴极上的电子反应,生成金属原子。这一过程的具体实现是很复杂的,这里只是一个简化过程。

(3)金属原子排列成一定形式的金属晶体。这也是金属沉积最为关键的过程。

金属原子在结晶时可分两步进行:结晶核心的形成和结晶核心的成长。晶核的形成和晶核的成长速度决定了所得结晶的粗细。如果晶核的形成速度较快,而晶核形成后的成长速度较慢,则生成的结晶数目较多,晶粒较细。反之,晶粒就较粗。这一过程的控制是非常复杂的,很难用理论加以说明和概括,需要进行大量的实验摸索。

由电化学的研究可以知道,在电镀时,金属和溶液界面上会形成双电层,因此产生了金属和电解质溶液间的电位差,即金属的电极电位。在实际中,金属电极电位的绝对值无法测定,通常是以氢的标准电极电位为零,与氢的标准电极电位比较测得的,称为标准电极电位。表4.3为常用金属的标准电极电位[104]。在电镀时,随着外加电流的不同,阴极的电极电位也相应发生变化。通常用阴极极化曲线来描述电流与阴极电位的关系。

表 4.3　常用金属的标准电极电位

金　　属	Na	Zn	Ni	H_2	Cu	Au
反应式	$Na^+ + e$	$Zn^{+2} + 2e$	$Ni^{+2} + 2e$	$2H^+ + 2e$	$Cu^{+2} + 2e$	$Au^{+3} + 3e$
电位(V)	-2.714	-0.762	-0.25	0.00	0.337	1.5

在折叠波导高频结构的微电铸过程中,需要电铸液有很好的均镀能力。对于影响均镀能力的因素主要有两个方面,一是阴极不同部位上的电流分布,二是电流在金属离子析出时的效率。为简化讨论,假定如图4.20所示的装置,两个平行放置的阴极,其面积相同,但它们与阳极的距离不同。由欧姆定律可以推导出图示的公式关系[105]。

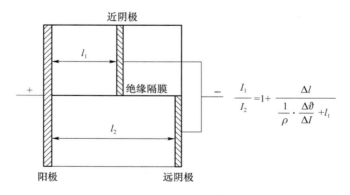

图 4.20　电镀槽中阴电极位置图及其公式关系

其中,I_1 为近阴极上的电流,I_2 为远阴极上的电流,ΔI 为近阴极电流和远阴极电流之差,l_1 为近阴极与阳极间的距离,Δl 为近阴极和远阴极之间的距离,ρ 为电镀液的比电阻,其值为电镀液单位截面单位长度所具有的电阻值,$\Delta \varphi$ 为近阴极的电极电位与远阴极的电极电位差。

对于要能够得到均匀的电场分布,也就是 $I_1/I_2 = 1$,这就需要能够满足下列 4 个条件中的一个:

(1) $\Delta l \to 0$,也就是说要阴极与阳极之间的距离相等。

(2) $l_1 \to \infty$,需要增大阴极与阳极的距离。

(3) $\Delta\varphi/\Delta I$ 增大。$\Delta\varphi/\Delta I$ 为电镀液的阴极极化度,其表明阴极极化随电流的增大而变化的程度。这说明,阴极极化度大的电镀液,其阴极电流分布较均匀。

(4) 降低电镀液的比电阻 ρ。降低比电阻就是要增大镀液的导电性能,达到阴极表面电流分布均匀的目的。这一条件的实现,需要阴极极化有一定的值,而不是为零。

以上是从阴极的电流分布来考虑的。除此之外,影响电沉积的另一个因素为电流的效率。电镀液析出金属时的电流效率有三种影响方式:电流效率不随电流密度而改变;电流效率随电流密度增大而增大;电流效率随电流密度增大而减小。为提高均镀性能,希望电流效率随电流密度增大而减小。在实际应用的电镀液中,多数都有这样的性能。

对于 LIGA 和 UV-LIGA 技术的微电铸,其电流密度的不均匀是由于图形结构的不同而造成的。以上的分析所设定的假设条件,虽然与 LIGA 技术的微电铸条件不同,但抛开阴阳极的距离不同这一点外,其他的影响条件是相同的,完全可以利用上述的分析结果进行分析。

从上述分析结果看,可以采取以下方法来控制电流密度的均匀性:增加阴极和阳极间的距离,尽量拉大阴阳极之间的距离;减小镀液的比电阻,也就是提高镀液的导电性能;提高镀液的阴极极化度,这就需要在电流密度加大时,阴极的电位也能够大幅提高,来削弱电流密度增大所带来的负面影响;为提高金属电沉积的均匀性,应选用电流效率随电流密度增大而减小的镀液。

折叠波导高频结构的电铸主要是电铸无氧铜,由于真空电子器件对材料的要求很高,对电铸的晶粒大小、金相组织、织构特点、致密性、表面光洁度等都有着严格的要求,并且由于实验的需要,有时需要进行二次电铸,即电铸一层后,将结构打磨平整,再重新甩胶,光刻后再一次电铸,这种方式与上一次结构的黏附力不是非常好,容易脱离,更有甚者,在后序的工艺过程中,两结构发生了分离,这就是俗称的"起皮"现象[106]。

为了克服这种现象,经过仔细的分析,在大量实验的基础上,对微细电铸的装置进行了适当的改进,如图 4.21 所示。

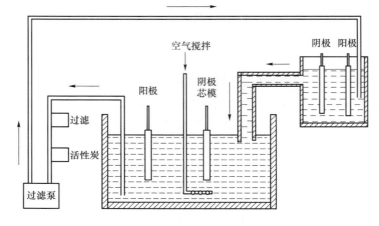

图 4.21　电铸装置示意图

在电镀液的使用过程中,为保持镀层性能稳定(特别是内应力),必须连续对电镀液进行条件处理。主要是为了除去金属杂质以及通过在阳极产生的电化学反应,使沉积出的铜内应力维持在所要求的范围内。图 4.21 所示中间的大槽为主槽,右上的小槽为预处理槽。用一磁力驱动循环泵将主槽中的电镀液抽出,并经过活性炭和过滤柱流入预处理槽中。处理槽的体积为主槽体积的 10%,溶液循环速度为每小时主槽体积的 2~5 倍,过滤柱有 2 μm 的过滤芯,活性炭柱装有活性炭芯,活性炭芯定期更换,使电铸液保持很好的活性。主槽用于电铸微结构产品,预处理槽用于对电镀液的处理。阴极与阳极电流密度均为 0.5~1 A/dm²,电流大小应不低于主槽电流的 3%[107]。这样可以更好地对电铸液进行处理,使它保持非常好的稳定性和电镀性能,将应力和均镀能力控制在最佳状态。

不同的电铸液体系电铸的效果是不同的,本书的实验先后采用过三种电铸液体系,一种是传统的硫酸体系,一种是磷酸体系,另一种是柠檬酸体系。图 4.22(a)所示为传统的硫酸体系所电铸的微结构显微照片,图 4.22(b)所示为硫酸体系电铸的微结构显微照片,图 4.22(c)所示为柠檬酸体系电铸微结构显微照片。由此可见,三种体系的电铸结果很不同,微结构中的气孔大小和多少都各不一样。电铸是折叠波导高频结构实现的关键,电铸出晶粒细小、致密无空洞的微结构,是本实验的重点。可以所,电铸液的配方,尤其是各种添加剂的填入,以及电铸电源的性能和参数对电铸效果的影响巨大。

电铸工艺具有很强的实验性,需要进行深入和不断地实验,有些工艺因素很难用理论来解释清楚。通过近期的理论学习和实验摸索,由对电铸一点不知,到能够进行电铸,最后能够解决电铸中存在的许多问题,铸出满意的折叠波导高频结构,通过这些锻炼,使自己在电铸领域里有了较大的长进,基本上掌握了精密深度微细电铸铜的技术。

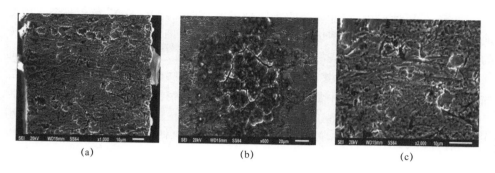

(a)   (b)   (c)

图 4.22   不同体系电铸液金相图

4.4   DRIE 工艺的关键技术

4.4.1   掩膜版设计

采用掩膜版设计专用软件（L-EDIT），按照经设计计算给出的折叠波导几何结构尺寸设计掩膜版并加工制作。在制作高频电路光刻板设计时，充分考虑到高频电路制作需要用到单面对准和双面对准工艺以及键合对准工艺，因此光刻板在设计时按照以下要求进行，并参考之前其他人和单位机构的成熟经验和规范标准用于制作高频电路光刻板设计。

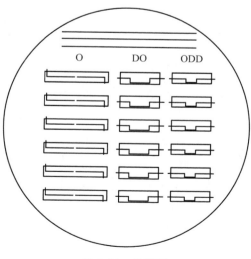

图 4.23   掩膜版

　　首先,是对准标记,对准标记的作用是指示平面图形在 X、Y 和 θ 三个自由度的对准情况。以原点对称图形最为合理,能够在一个图形中同时显示三个自由度的对准情况。光刻质量检查标记的作用是检查光刻工艺实现图形与光刻板图形的尺寸符合情况,以图形尺寸接近光刻设备分辨率的相邻反转等间隔线条组合为宜。在工艺流程涉及的每张版中都应设有对准标记,通常情况下为十字型图形,简称为"十字",如图 4.24 所示。在工艺流程涉及的每张版中都应设有线宽检查标记,用于监控光刻工艺实现的光刻胶图形与光刻板图形的差异。

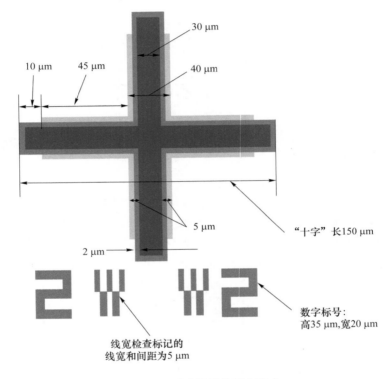

图 4.24　对准标记的基本形式

　　考虑到使用的光刻设备对准光学系统的倍率、景深和对准操作的难易程度等因素,"十字"的长度为 $150~\mu m$(约为 $10\times$ 物镜视场直径的 $40\%\sim50\%$),如图 4.24 所示,两个相互对准十字标记的线条宽分别为 $30~\mu m$ 和 $40~\mu m$,即两相关十字的外边缘间距为 $5~\mu m$。此宽度适于在光刻机上进行单面、双面光刻和键合对准。十字图形两端的 $2~\mu m$ 间距区只用于显微镜检查。

　　a) 线宽检查标记的线宽和间距均为 $5~\mu m$。

　　b) 对准标记的标号高为 $35~\mu m$,宽为 $20~\mu m$。

　　c) 给对准标记进行标号的目的是保证套刻时选择正确的对准标记,同时便于操作人员完成对准。

在进行第二次光刻时,操作人员只需将二号版上带有 2 字的对准标记与基片上带有 2 字的对准标记相套即可,如图 3 所示。严禁在一张版图上出现两个或两个以上标号相同的对准标记。

d) 用于对准键合的两个对准标记以"JH"(即:键合)图形作为标记,以确保对准工艺正确快速地完成。

e) 在单面光刻板图设计中,考虑两次相关对准标记"十字"的大小覆盖问题,在双面光刻中只需考虑对准标记的大小,不必考虑覆盖问题,在阳极对准键合中,应保证玻璃片上的金属对准标记不要覆盖硅片上的对准标记,以便于键合后透过玻璃进行键合偏差检查。

f) 对后一次对准的光刻板分别为亮版和暗版时,对准标记采用图 4.25 所示图形。

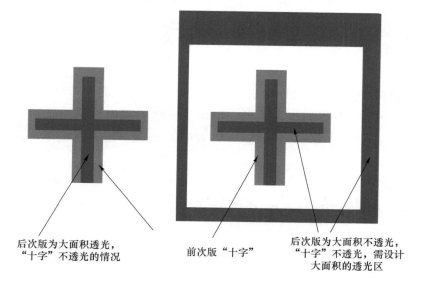

后次版为大面积透光,
"十字"不透光的情况

前次版"十字"

后次版为大面积不透光,
"十字"不透光,需设计
大面积的透光区

图 4.25 亮版和暗版上的对准标记形式

在工艺流程中设计了深腐蚀(腐蚀深度不小于 20 μm)后的图形用于后续光刻的对准标记时,将对准标记设计为如图 4.26 所示的四个方块图形,以避免将"十字"对准标记图形的凸角腐蚀掉,无法继续作为对准标记使用。其他与光刻质量检验相关的图形也设计为由矩形或方形开口构成的组合图形,避免带凸角图形的出现。

然后,是对精缩版和初缩版的光刻板进行考虑,主要还是考虑到高频电路的集约化和集成化,在不同的光刻机上会有不同的使用版图,我们针对步进光刻机和电子束曝光机进行了不同版图设计和描绘。

精缩版是将版图文件经图形发生器制备成初缩版后经 1/10 缩小并按单元重复曝光制备的光刻板。精缩版的单元尺寸一般不超过 9 mm×9 mm。

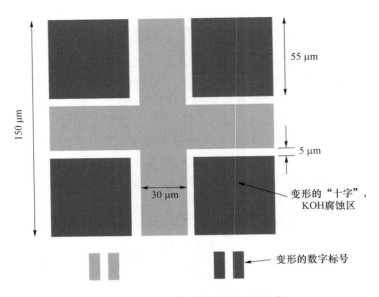

图 4.26　用于腐蚀的对准标记形式

精缩版对准标记位置设计在单元的左上角（即距横竖划片槽交叉点约 50 μm 处），以便于操作人员快速定位"十字"，如图 4.27 所示。

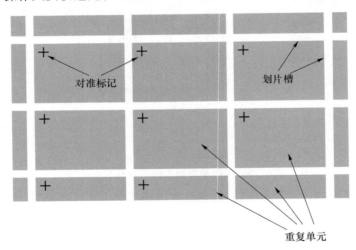

图 4.27　光刻板上的对准标记的所在位置示意图

当每个重复单元中含有两个或两个以上子单元图形时，对各子图形也依次编号。因我们目前的版图较为简单，故本工艺规范简单描绘。

初缩版可以是由图形发生器直接制备或由电子束直写系统制备的光刻板。初缩版图形通常大于 9 mm×9 mm。初缩版可以不包含重复图形单元，完全由各自独立的单元构成,因此不适合按重复单元设置对准标记的方式。采用图形发生器制备的初缩版最小线宽一般为 $10~\mu m$;电子束曝光机制备的初缩版最小线宽会有所不同。

a)在初缩版上,在版的水平中心线的左右各设一组对准标记,位置范围如图 4.28 所示,此位置可以同时满足单面、双面光刻和键合对准情况。当同一侧的标记超过两个时,"十字"的标号设计有所区别,以免套错。

b)当采用初缩板工艺流程的第一张版为大面积不透光时,在如图 4.29 所示位置添加四个透光条,以保证光刻时硅片能够定位在光刻板的居中位置。

c)使用初缩板时,对每个图形单元依次编号,以保证裂片划片后的单元识别。

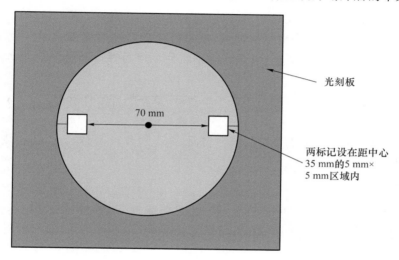

图 4.28 初缩板上对准标记位置示意图

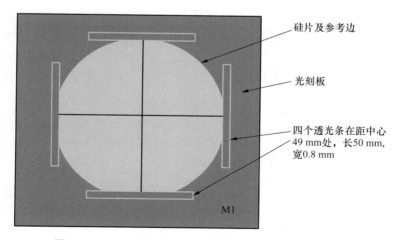

图 4.29 光刻板上板号位置和透光定位图形位置示意图

4.4.2 准备 DSOI 硅片

准备模夹具、硅片等，需要进行表面处理，包括煮酸、碱洗、清洗、研磨、抛光等步骤。

a）戴上口罩和橡胶手套；

b）用镊子将模夹具篮浸没在盛有丙酮溶液的容器中（烧杯或搪瓷缸），放入超声波清洗器中处理 2 次，每次 15 分钟；

c）将模夹具放入溶解有金属去油剂的烧杯中，超声 1 次，每次 15 分钟；

d）经过第 3 步超声后，超声的溶液应澄清，否则重复第 3 步；

e）将模夹具用大量去离子水冲洗，需进行化学清洗的直接吹干，注意防止污染操作台面，进入下一道工序；只进行除油工序的零件按零件水洗及脱水工艺卡处理；

f）取出用电吹风吹干，然后用脱水纸包好，放在搪瓷零件盒内。

g）采用标准清洗液对 SOI 硅片进行清洗。

注意事项：切忌用手直接接触零件表面，避免对零件进行二次污染；皮肤沾染丙酮后快速使用纯水冲洗。

光刻

准备好胶膜之后需要进行光刻，接下来进行光刻，SU8 对光非常敏感，呈对光基于指数衰减，经验公式如下：

$$E = A_0 e^{h/h_0}$$

其中，E 是曝光光刻能量密度（mJ/cm^2），h 是 SU8 厚度（μm），A_0 和 h_0 是常数，A_0 是 1.9 mJ/cm^2，h_0 是 315 μm，故 900 μm 厚时大约需要 33 mJ/cm^2，过曝光将导致"大头"，曝光剂量不足将导致底部没有曝透，另外不能持续曝光，曝光 10～15 s、冷却 20 s，这样的曝光参数是可行的，但需要再优化。曝光后需要再烘胶，用以坚固胶膜，采用从室温以 3 ℃/min 升到 95 ℃，保温 30 分钟，然后以 1 ℃/min 降到室温。

显影过程使用 SU8 - Developer（99% PGMEA MicroChem Corp），放在往复运动的槽中，无氧铜片上下运动，显影时间视乙二醇检测结果来确定，在显影过程中可以采用摇篮和超声波振动加强显影效果。

光刻结果如图 4.30、图 4.31、图 4.32 所示。

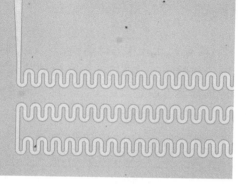

图 4.30 光刻图形

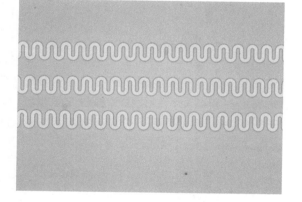

图 4.31 光刻图形

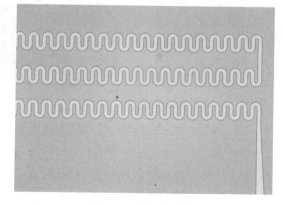

图 4.32 光刻图形

4.4.3 干法深刻蚀

利用深反应离子刻蚀对 SOI 硅片进行刻蚀,刻蚀达到填埋的二氧化硅层时停止,如图 4.33 所示,刻蚀掩膜可为光刻胶、二氧化硅或铝中任意一种。通常情况下,光刻胶掩膜对硅的选择比不超过 50:1,二氧化硅掩膜对于硅的选择比不超过 150:1,金属铝掩膜对于硅的选择不超过 200:1。

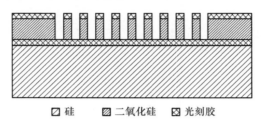

☑ 硅   ☑ 二氧化硅   ☒ 光刻胶

图 4.33   刻蚀工艺

深反应离子刻蚀,是由德国 Bosch 公司发明的,所以深硅刻蚀工艺又被称为 Bosch 工艺,其原理是在反应腔室中轮流通入保护气体 C4F8 与刻蚀气体 SF6 与样品进行反应,工艺的整个过程是淀积钝化层步骤与刻蚀步骤的反复交替。其中保护气体 C4F8 在高密度等离子体的作用下分解生成碳氟聚合物保护层沉积在已经做好图形的样品表面,如图 4.34(a)所示。

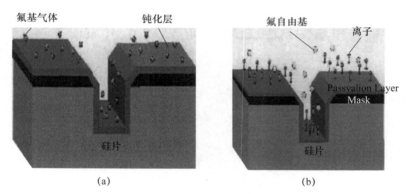

图 4.34   深硅刻蚀工艺中的钝化过程及刻蚀过程

刻蚀过程是通过刻蚀气体 SF6 被等离子体的作用下分解,提供刻蚀所需的中性氟基团与加速离子,硅以及聚合物进行各向同性的刻蚀,如图 13(b)所示。刻蚀过程中,被刻蚀部分的聚合物保护层会被完全除掉,除掉底部保护层后,对保护层下的硅材料进行刻蚀,而侧壁的保护层由于离子刻蚀的方向性刻蚀速度不会很快被去除。然后重复钝化步骤,导致刻蚀持续在垂直方向进行。DRIE 技术不依赖于衬底晶向,有着较大的加工自由空间,刻蚀掩膜可以用 SiO_2 或光刻胶,采用 DRIE 技术可加工高深宽比的微结构,而且精度很高。检验刻蚀的深度及其他尺寸后,重复前面的步骤,涉及套刻对准的精度,将通道窗口及折叠波导窗口全部露出来,进行 DRIE 同步深刻蚀;由于深宽比较大,需要对刻蚀工艺进行反复摸索,探索出适合的加工工艺参数,对于电子注通道需要进行很好的设计和工艺组合。刻蚀的表面形貌如图 4.35 所示,断面的形貌如图 4.36 所示。

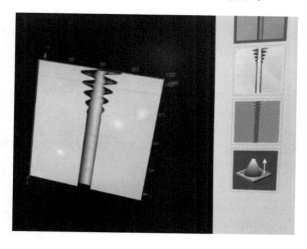

图 4.35　刻蚀结果

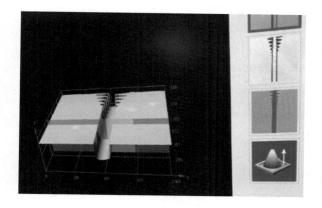

图 4.36　断面刻蚀结果

4.4.4 表面处理

将刻蚀好的硅片进行溅射金层而后电镀金或者采用金气相回流铸膜工艺实现表面改性。具体操作步骤如下：

去油工艺：置于盛有丙酮溶液的容器中，放入超声波清洗器中处理二至三次，每次十五分钟，直至丙酮溶液清洁为止，取出零件并吹干。

化学清洗工艺：化学清洗工艺流程如图4.37所示。

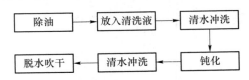

图4.37　清洗流程

因过程中涉及不同的材料，每种材料的处理方式不完全一样，故具体材料的表面处理步骤分别加以说明。

a）蒙乃尔

（1）按规定的方法对零件彻底去油。

（2）混合酸加热至可与零件发生反应，将零件放入酸中不断抖动几秒取出，用大量流动水冲洗。

（3）零件放在钝化溶液中，取出冲净。

（4）脱水处理后吹干。

b）可伐

（1）按规定的方法对零件彻底去油。

（2）可伐洗液加热，将零件放入洗液中抖动数秒，取出用流动水冲洗。

（3）零件放入钝化液中，取出冲净

（4）脱水处理后吹干。

c）钽

（1）按规定的方法对零件彻底去油。

（2）钽洗液置于塑料容器中隔水加热。

（3）将零件无水状态下置于钽洗液中，抖动数秒，取出用流动水冲洗

（4）零件放入钝化液中，取出冲净。

（5）脱水处理后吹干。

d）无氧铜工艺同蒙乃尔工艺相同。

e) 镍、殷钢清洗工艺与可伐工艺相同。

f) 聚四氟乙烯

(1) 将零件置于5％～10％的氢氧化钠溶液中加热煮沸3～5 min。

(2) 零件用流动水冲洗干净。

(3) 用蒸馏水煮沸2～3 min,共煮二遍,然后吹干。

电镀工艺:如图4.38所示。

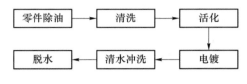

图4.38　电镀流程

下面是各种基本材料电镀工艺的说明。

可伐电镀:

a) 按规定的方法对零件彻底去油。

b) 放入可伐洗液去除氧化层。

c) 将清洗干净的可伐零件置于1:1的盐酸溶液中活化。

d) 放入电镀液中,加电流,

e) 取出零件冲洗干净、脱水、吹干。

蒙乃尔、无氧铜电镀工艺与可伐电镀工艺相同。

不锈钢电镀:

a) 按规定的方法对零件彻底去油。

b) 将去油干净的零件置于加热的不锈钢洗液中抖动数秒、取出。

c) 零件浸入钝化液中去黑膜。

d) 零件放入1:1盐酸液中活化。

e) 用大电流($0.5 \ A/cm^2$)冲镀镍后放入镀镍槽中四小时,电流密度10 mA/cm^2左右。

f) 取出零件冲洗干净、脱水、吹干。

钼电镀:

a) 按规定的方法对零件彻底去油。

b) 放入混合酸去除氧化层。

c) 零件放入1:1盐酸液中活化。

d) 进行大电流($0.5 \ A/cm^2$)预镀。

e) 脱水,吹干。

f) 烧氢。

g）烧氢后再放入 1∶1 盐酸液中活化。

h）放入镀槽电镀二十分钟。

电镀液及清洗液配方：

硫酸镀镍液：

硫酸镍（$NiSO_4 \cdot 7H_2O$）	150～250 g/l
氯化钠（NaCl）	10～15 g/l
硫酸镁（$MgSO_4$）	25～35 g/l
硼酸（H_3BO_3）	30～35 g/l
无水硫酸钠（Na_2SO_4）	20～30 g/l
pH	4.5～5.5
温度	20～30 ℃
电流密度	10～15 mA/cm^2
时间	1 小时

混合酸：

蒸馏水	22～26 ml
硝酸（HNO_3）	110～120 ml
盐酸（HCl）	1～2 ml
硫酸（H_2SO_4）	55～65 ml

可伐洗液：

硝酸（HNO_3）	30～35 ml
盐酸（HCl）	2～4 ml
冰醋酸（C_2H_5O）	65～75 ml

不锈钢洗液：

水（H_2O）	50～60 ml
盐酸（HCl）	400～450 ml
硝酸（HNO_3）	40～50 ml

化学清洗所用溶液的配制及注意事项：

化学清洗所用原料均采用生产过程所用化学原料控制表中的材料。

盐酸溶液的配制：

取等量体积的盐酸与自来水，将酸注入水中即可得体积比为 1∶1 的盐酸溶液。

铜、蒙乃尔、钼洗液的配制，按洗液配方依次加入蒸馏水、盐酸、硝酸、硫酸，即可得到比例适中的洗液。

不锈钢洗液的配制：按洗液配方依次加入，即可得到比例适中的不锈钢洗液。

钝化溶液的配制：取 100 ml 水，称取 12 g 铬酸溶解于水中，再量取 3 ml 硫酸，加入铬酸水溶液中即可得到钝化溶液。

可伐抛光液的配制：按洗液配方依次加入盐酸、硝酸、冰醋酸，即可得到可伐抛光液。

注意事项：用酸时的顺序必须遵守按比重从轻到重依次倒入。

酸液的检验标准：酸液在不能使零件达到光洁效果的情况下要进行处理，换用新溶液。

电镀液的维护：由于经过一段工作以后，电镀液会有所消耗。因此要定期（三个月）把溶液取样送到有关单位进行镀液的成分分析，出检验单，并依据检验单的数据添加化学药品，使之与工作范围相一致。

镀层故障生产的原因及解决方法如表 4.4 所示。

表 4.4　镀层故障生产的原因及解决方法

镀层故障	产生原因	解决方法
烧氢后镀层起皮	镀前处理不当，镀液 pH 过高	加强镀前处理，调节溶液的 pH 值
烧氢后镀层发黑	镀层薄，溶液温度低	对溶液进行加温，增加电镀时间
镀层不够均匀	零件翻动不够，局部导电不好	适时加上活动阴极，增加翻动次数，检查阴阳极导电状况
凹部镀层发黑	溶液成分发生变化	及时化验溶液成分，做出调整
阳极钝化	阴阳极比例不合适	应减少阴极所挂零件的数量

表面处理所用化学试剂如表 4.5 所示。

表 4.5　表面处理所用化学试剂

原料名称	分子式	规　格
无水乙醇	CH_3CH_2OH	不低于化学纯
丙酮	CH_3COCH_3	不低于化学纯
硫酸	H_2SO_4（浓度 98%）	不低于化学纯
盐酸	HCl（浓度 36%）	不低于化学纯
硝酸	HNO_3（浓度 65%）	不低于化学纯
氯化镍	$NiCl_2$	不低于化学纯
磷酸	H_3PO_4（浓度 85%）	不低于化学纯
硫酸镍	$NiSO_4 \cdot 7H_2O$	不低于电镀级
硫酸钠	Na_2SO_4	不低于化学纯
硫酸镁	$MgSO_4 \cdot 7H_2O$	不低于化学纯
氯化钠（无水）	$NaCl$	不低于化学纯
氢氟酸	HF（浓度 40%）	不低于化学纯
氢氧化钠	$NaOH$	不低于化学纯

续表 4.5

原料名称	分子式	规　格
冰醋酸	CH_3COOH（浓度 99.5%）	不低于化学纯
铬酸	CrO_3	不低于化学纯
铁氰化钾	$K_3[Fe(CN)_6]$	不低于化学纯
硼酸	H_3BO_3	不低于化学纯
氧化锌	ZnO	不低于化学纯

参考文献

[98]　王喆垚. 微系统设计与制造[M]. 北京：清华大学出版社，2008.

[99]　崔铮. 微纳米制造技术及其应用[M]. 北京：高等教育出版社，2005.

[100]　焦书科. 高分子化学[M]. 北京：纺织工业出版社，1983.

[101]　丁衡高，袁祖武. 微机电系统技术的实际应用—微型仪器[J]. 微米/纳米科学与技术，Vol. 4，No. 1，1999.

[102]　张海霞，郭辉，张大成. 集成化 MEMS 工艺设计技术的研究[J]，纳米技术与精密工程，2004，9：229 - 233.

[103]　贾书海，李以贵，朱军等. 一种新的低成本微电子机械系统微针制造方法[J]. 西安交通大学学报，2007，41(5)：589 - 592.

[104]　HARMST'97 focuses on LIGA，Micromachine Devices. Vol. 2 ，No. 8. August 1997.

[105]　M. A. Polosky，et al. LIGA Fabricated Environmental Sensing Device. HARMST'99，13 - 15，June 1999. Kisarazu，Japan.

[106]　H. Lehr，W. Ehrfeld. LIGA-Technique，An Overview. The 6th Chinese international summer school of physics application of synchrotron radiation，Lecture Notes. July 15 - 30，1992，Beijing，China.

[107]　Wenmin Qu，Christian Wenzel，Andreas Jahn，et al. UV-LIGA：A promising and low-cost variant for microsystem technology. Proceedings of Conference on Optoelectronic and Microelectronic Materials and Devices，Piscataway：IEEE，1999：380 - 383.

[108]　C H Cheng，S C Chen，Z S Chen. Multilevel electroforming for the components of a microdroplet ejector by UV-LIGA technology. Journal

of Micromechanics and Microengineering, 2005, (15): 843 - 848.

[109] A. B. Puri, B. Bhattacharyya, Modeling and analysis of the wire-tool vibration in wire-cut EDM, Journal of Materials Processing Technology. 2003, (141):295 - 301.

[110] C. C. G. Visser, et al. A new silicon nitride mask technology for synchrotron radiation x-ray lithography: first results. Microelectronic Engineering 1987, (6): 299 - 304.

[111] W. K. Schomgurg, et al. Ti-and Be-x-ray masks with alignment windows for the LIGA process. Microelectronic Engineering, 1991, (13): 323 - 326.

[112] H. Reichl, et al. Lithography for future packaging and system integration. SUSS Report, Vol. 14, Fourth Quarter'98.

[113] F. Yi, et al. The fabrication of LIGA mask using photolithography and synchrotron radiation lithography. Microsystem Technologies. 1996, (3): 7 - 9.

[114] Romankiw L T. A path: from electroplating through lithographic masks in electronics to LIGA in MEMS [J]. Electrochimica Acta, 1997, 42: 2985 - 3005.

[115] Jill Hruby. LIGA Technologies and Applications. www. mrs. org/publications/bulletin.

[116] J. Mohr, et al. Requirements on resist layers in deep-etch synchrotron radiation lithography. J. Vac. Sci. Technol. B6(6), Nov/Dec 1988.

[117] Walter Bacher, Wolfgang, Menz et al. The LIGA technique and its potential for Microsystems-a survey industrial electronics [J]. IEEE transactions, 1995, 42 (5): 431 - 441.

[118] K. Kadel, et al, X-ray masks with tungsten absorbers for use in the LIGA process. Microelectronic Engineering, 1993,(21): 123 - 126.

第5章 折叠波导制备工艺实验研究

本章主要是在前面几章对微细制造方法制备折叠波导方案设计以及对关键工艺技术进行充分分析和解决的基础上,开展几种微细制造方法制备折叠波导的实验研究。对几种微细制造方法的各个步骤都进行了有针对性地开发,对工艺流程、工艺步骤、工艺参数等进行了实验,通过大量的实验摸索,总结大量失败实验的经验,解决了很多技术上的难题,验证了各技术的可行性。

5.1 W 波段 0.1 THz 折叠波导制备

由于 W 波段 0.1 THz 折叠波导的结构尺寸相对较大,因而开展采用超精密数控慢走丝线切割机和 LIGA 制造工艺技术的研究。

5.1.1 Ultra-fine WEDM 工艺

实验中开展 Ultra-fine WEDM 工艺制造折叠波导高频结构,使用瑞士 AgieCharmilles 的 AC Vertex 2F 超精密慢走丝线切割机,如图 5.1 所示,该机床的重复定位精度为 0.001 5 mm,带有第六轴,可以实现分度制造,机床配置细丝范围 0.03 毫米到 0.30 毫米,可以实现自动穿丝,同时穿丝功能无须更换导丝嘴,这给精密微细制造带来了巨大的优势。

采用第一种方案的超精密电火花线切割过程如下:

第一步,首先使用高速铣床制造两块无氧铜板料,其中一块使用球头铣刀制造两个半圆形的穿丝孔,一个孔使用 $\phi 0.2$ mm 球头铣刀沿中间铣削,另一个使用 $\phi 1$ mm 的球头铣刀在边缘铣出即可,中间的槽用于切割电子注通道孔,边缘的槽用于制造折叠波导外形使用;

第二步,将带有半圆形穿丝孔的无氧铜块在磨床上进行研磨,主要研磨外形,外形是后续步骤中的基准,因此一定要平整;

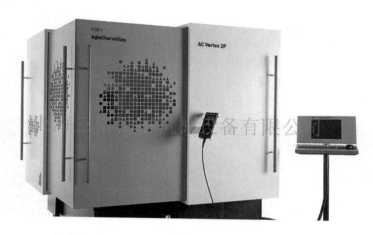

图 5.1　AC Vertex 2F 超精密慢走丝线切割机外形图

　　第三步,将初步制造好的无氧铜块进行清洗、超声、烧氢,主要是去除制造中残留的切削液等有机物,以备进行扩散焊接;

　　第四步,将两块无氧铜板装夹在焊接夹具中,焊接夹具如图 5.2 所示,焊接夹具主要采用钼螺钉和钼外压板以及内部的不锈钢板组成,主要是利用钼的热膨胀系数小,不锈钢的热膨胀系数大,在高温状态下,不锈钢热膨胀多于钼的热膨胀,受钼的限制,只能向里压缩无氧铜,给铜施加扩散焊所需的压力;根据无氧铜块的大小,经过计算后,确定不锈钢块、钼板的厚度以及螺钉的直径。焊接后的无氧铜块如图 5.3 所示;

图 5.2　扩散焊夹具　　　　　　　图 5.3　扩散焊接后的样件

　　第五步,焊接后的无氧铜块具有了两个穿丝孔,在线切割机上进行装夹,装夹以有半圆形孔的一侧为基准,放入夹具中,按照相对位置,穿丝,测试是否开路,找到中心后,先使用 φ0.07 mm 的细电极丝来切割,而后用 φ0.15 mm 的切割丝进行精修,切割外形时由于是凸模的切割,需要使用微连接,进行多切几遍,因为外形是下一步切割蛇形线的基准;

第六步,根据设计结构,在切割出的长条上打出切割蛇形线的穿丝孔,以切割出来的折叠波导外形为定位基准,放在夹具上,按照从两边到中间的切割顺序,逐步进行切割蛇形线,切割后的样品如图 5.4 所示;

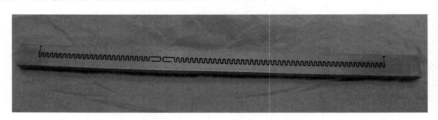

图 5.4 切割后的折叠波导样品

第七步,将切割后的折叠波导装入衰减器,而后,两侧用两块无氧铜盖板进行焊接,将此结构封接成一体;

第八步,折叠波导被封接起来后,将电子注通孔两端用火棉胶封住,防止液体进入及污染,在电火花成型机上将两个输入、出波导口用电极制造出来;

第九步,将包有折叠波导结构的无氧铜方块用线切割机将其外圆切割成圆形,与中间的电子注通道要同心。

至此,折叠波导高频结构制造制备结束,后续进行超声清洗、氢炉烧氢以及其他焊接窗、接电子枪和收集极等工作。

从上面的步骤中可以看出,采用第一种方案的超精密电火花线切割过程中,外形与电子注通道中心孔的同心是有一定的误差的,因为每次的装夹都会有累计的误差。为了尽量减少装夹误差的产生,尝试采用了第二种方案进行制造,详细的步骤如下:

第一步,使用旋压工艺,将无氧铜管逐步的旋压至外径为 φ2.94 mm,这是设计的外径,内孔的直径约为 φ0.2 mm,如图 5.5 所示,在这一步的旋压过程中,防止中间孔被挤压的铜堵死,需要采用内芯策略;

图 5.5 旋压工艺制成的无氧铜管壳

　　第二步，类似于其他管壳的切割方法，先使用 $\phi 0.07$ mm 细电极丝切割内孔，而后使用 $\phi 0.15$ mm 电极丝精修内孔，将内孔切割至 $\phi 0.4$ mm，即设计所要求的外径尺寸和内孔尺寸在此步骤中得以保障，如图 5.6(a)所示；

　　第三步，使用夹具将圆形管壳固定后，在线切割上将圆柱的两个边缘去掉，切割成厚度为 2 mm 厚的鼓形，这个方向的厚度刚好是折叠波导宽边的厚度，如图 5.6(b)所示。切割好宽边后，将管壳旋转 90 度，在夹具上切割管壳的两头成方形，这步切割主要是为了后续电火花制造输入和输出波导口的定位使用；

 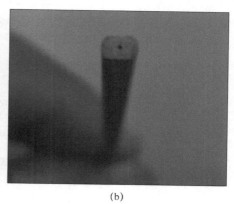

(a)　　　　　　　　　　　　　　　　　(b)

图 5.6　管壳内孔及鼓形

　　第四步，在高速铣床上将折叠波导蛇形线的切割穿丝孔制造好，将管壳装夹在夹具上，夹具如图 5.7 所示，而后在线切割机上使用 $\phi 0.07$ mm 细电极丝切割蛇形线，依然是采用从两边向中间切割的方式，以防止变形，初步切割后的蛇形线如图 5.8 所示；

图 5.7　切割管壳用夹具

图 5.8　切割后的折叠波导蛇形线形状

第五步,使用前面旋压好的管壳,将内部切割掉,厚度刚好切割成 2mm 的宽度的条形框,如图 5.9 所示,这样将上面所切割好的蛇形线结构刚好放到这里面,外径刚好形成一个整体的圆,即 $\phi 2.94\,mm$,这也是设计所要求的尺寸,将该部件电镀一层约 $2\,\mu m$ 后的金,以便为了更好地和蛇形线结构焊接;

图 5.9　管壳切割成内 2mm 宽的条形框

第六步,将折叠波导蛇形线和条形框组装好,放到焊接模具中,如图 5.10 所示,在氢炉中进行扩散焊连接,因为有金镀层,温度可以略微低一些,确保焊接的密封性;

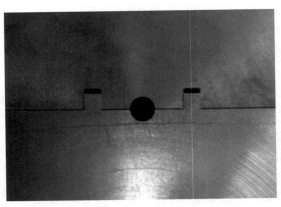

图 5.10　焊接模具

第七步,焊接结束后将输入、输出波导使用电火花成型机制造出来,折叠波导高频结构即制造出来了。

在两种方案的制造过程中,使用 $\phi 0.07\,mm$ 细电极丝切割和使用 $\phi 0.15\,mm$ 电极丝切割内孔及蛇形线的参数是比较重要的,经过多次实验后采用以下的切割参数可以达到较为理想的切割结果,如图 5.11 和图 5.12 所示,分别是 $\phi 0.07\,mm$ 和

$\phi0.15$ mm 电极丝的相关参数,这组参数中,短路、断丝现象会少一些,切割较为顺畅。

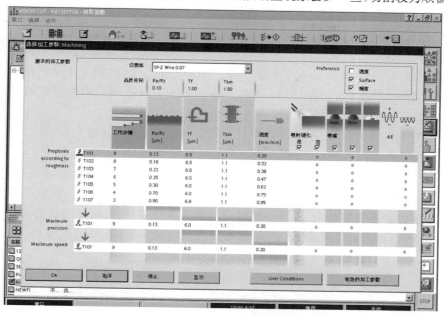

图 5.11 $\phi0.07$ mm 细电极丝切割参数

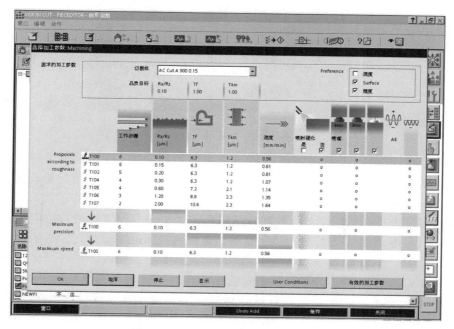

图 5.12 $\phi0.15$ mm 电极丝切割参数

5.1.2 LIGA 工艺

开展 LIGA 工艺制造 0.1 THz 折叠波导高频结构的实验,光源使用高能物理所的 LIGA 工艺站,该 LIGA 工艺站所使用的同步辐射光源,属于第一代同步辐射光源,它与高能物理实验使用同一储存环,由 3B1 弯转磁铁引出的光源特性为磁场强度 1.5T,周期为 5,特征能量为 4.88 keV。

首先,针对 0.1 THz 折叠波导设计了第一种方案,即中间嵌入丝的方式,以形成电子注通孔,实验过程如下:

第一步,先制备掩膜版,按照 4.2.1 的工艺步骤将 0.1 THz 掩膜版制备出来,如图 5.13 所示,由于 0.1 THz 折叠波导的厚度为 2 mm,厚度很大,所以电铸金吸收体时厚度适当增加,为了能够一次曝光多出几个胶膜,在一块掩膜版上设计了三个图形,这也为将来的集成化或批量化进行前期摸索实验;

图 5.13 掩膜版示意图

第二步,PMMA 胶膜的制备,按照 4.2.2 的工艺步骤将 0.1 THz 嵌丝光刻胶制备出来,这一步中主要有一个难点,也是工艺中的创新所在,就是三根丝的位置在光刻胶中的确定,针对该问题,开发了一套 UV-LIGA 工艺,制作了一套精度非常高的定位夹具,如图 5.14 所示,(a)是制作该定位夹具的掩膜版,(b)是经过曝光、显影、电铸、去胶后制作的金属定位条。掩膜版中标记的地方上下各有一凸起,丝在凸起的中心线位置,该凸起用于光刻时对准掩膜版上丝的位置,三个孔对应穿上三条丝,上下均有是因为要正反两面进行光刻;

第三步,嵌有丝的胶膜制备好后,经过对准后,将胶膜与掩膜版固定,进行 X 光曝光,曝光分上下两次曝光,曝光参数为 200 mA,曝光 2 小时,曝光后的胶膜如图 5.15 所示,图 5.15(a)为双面曝光后的胶膜,图 5.15(b)为显影后的胶膜;

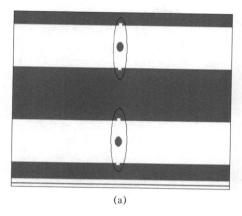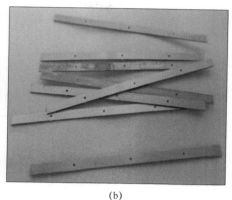

(a)   (b)

图 5.14　丝定位条夹具

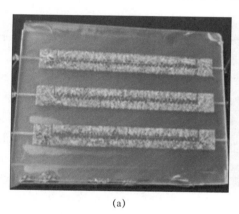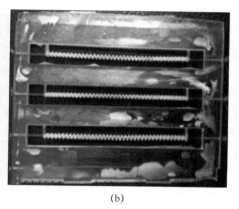

(a)   (b)

图 5.15　曝光和显影后的胶膜

第四步,将显影后的胶膜在电铸液中进行深度电铸工艺,电铸后的结构如图 5.16 所示,图 5.16(a)中所示为带有胶和铜的混合结构,可以看出电铸的不均匀性,有的地方甚至出现了比较大的铜瘤,图 5.16(b)所示为经过打磨、抛光处理的折叠波导结构,有的将中间丝抽出,有的没有抽出。

至此,该方案的基本工艺过程是走通了,此方法也是可行的,但对于细节还有很多问题需要解决,主要有如下几个方面:

1) 胶存在裂的现象,主要是由于胶的厚度过厚,2 mm 的厚度上,胶的均匀性有差别;

2) 光刻、显影后的胶膜存在变形现象,此变形一方面来源于胶结构的细、长所致,另一方面来源于丝的张力,丝嵌在胶中,而丝与胶的各方面性质不同,经过烘胶、光刻、显影等热、物理、化学的作用表现出不同的作用力,最终致使胶膜变形;

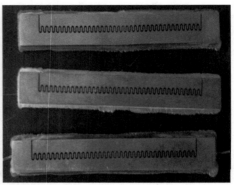

图 5.16　电铸后的结构

3）深度电铸时,存在铸不满,有气孔的问题,尤其是在丝的周围,镀层不能致密、饱满的贴合。

针对以上现象,进行了大量的实验和分析,进行了工艺的改进,主要包括以下几个方面:

第一,针对胶裂的现象,分析认为主要是由于较厚所致,曝光分两次进行,每次的曝光时间都较长,热效应的积累不同,导致胶本身的内应力过大,显影的过程中,内应力会有些得到释放,当各种力综合作用的结果,大于折叠波导窄边宽度所能承受的力时,胶膜即会裂开。这个问题很难通过工艺彻底得到解决,只能通过降低胶膜的厚度来改善,这也就是前面所述的第二种方案和第三种方案的出发点;

第二,对于胶膜的变形,考虑到变形来源于胶膜本身和嵌入的丝的张力,在工艺上通过在底部放上一层薄薄的镍网来固定胶膜,网使用 UV-LIGA 工艺来制备,网格采用六角形的蜂窝状,如图 5.17 所示,这种网可以很好地平衡各种力的作用,有助于胶膜的稳定;

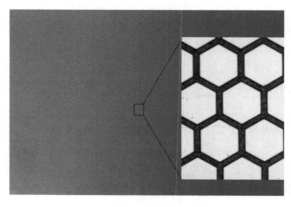

图 5.17　镍网

第三,针对深度电铸中出现的问题,采用更换电铸液体系,使用柠檬酸体系电铸液进行电铸,另外采用多脉冲电铸电源来进行电铸,实验结果有所改进。

后面对方案二和方案三都进行了尝试,因为方案二与方案一在基本工艺上没有太大的变化,胶的厚度减小了一半,依然采用嵌丝方法,该方案解决了胶裂的问题,胶变形方面也有了很大的改善,但还需要进一步的实验加以克服,电铸也得到了明显的改善。而方案三中,由于放弃了嵌丝的方式,得到了结构很完美的折叠波导,这其实就是标准的 LIGA 工艺,重新制作了掩膜版,考虑了后续的定位和焊接等问题,光刻、显影后的胶膜如图 5.18 所示,获得的电铸结构如图 5.19 所示。

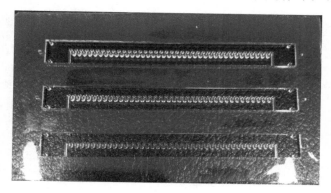

图 5.18　光刻、显影后的胶膜

图 5.19　电铸打磨、抛光后的折叠波导

总之,通过对 0.1 THz 折叠波导 LIGA 工艺的实验摸索,对新的经过开发的 LIGA 工艺进行了详细的试验,对制备折叠波导这种特殊的三维结构有了深刻的认识,对后续采取 UV-LIGA 工艺制备 0.22 THz 折叠波导高频结构有了很大的指导和借鉴。

5.2 LIGA 工艺制备 J 波段 0.3 THz 折叠波导

前面 5.1.2 章节中对使用 LIGA 工艺制备 0.1 THz 折叠波导高频结构的工艺步骤进行了详细的说明,这其实是对 LIGA 工艺的拓展,并不是 LIGA 工艺最适合的制造范围。0.22 THz 以上频段的折叠波导高频结构是 LIGA 工艺适合的范围,特别是频段越高、折叠波导尺寸越小,LIGA 工艺的优势越加明显,因此本实验选取 0.3 THz 折叠波导高频结构,使用嵌丝式 LIGA 工艺来进行制备。0.3 THz 折叠波导的设计尺寸,如图 5.20 所示。

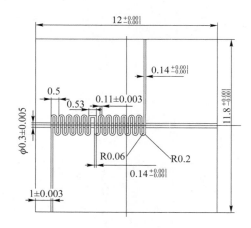

图 5.20 0.3 THz 折叠波导高频结构

使用 LIGA 工艺制备 0.3 THz 折叠波导的工艺流程与前面所述一致,考虑到折叠波导宽边厚度只有 0.5 mm,工艺方案就直接采用中间嵌丝的方式,如图 5.21 所示,X 射线是可以完全投射过聚合单丝,对 PMMA 光刻胶的曝光没有任何影响,这无疑是 UV-LIGA 工艺所不能比拟的独特优势。

首先,制备掩膜版,按照 4.2.1 的工艺步骤将 0.3 THz 掩膜版制备出来,掩膜版形式如图 5.22 所示,掩膜版中设计了两个并排的折叠波导结构。

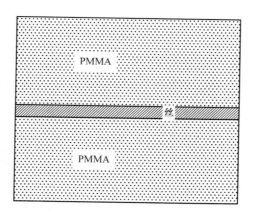

图 5.21　0.3 THz 嵌丝方式

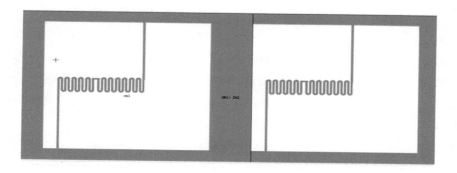

图 5.22　0.3 THz 折叠波导掩膜版

　　而后,制备 PMMA 光刻胶,按照 4.2.2 的工艺步骤将中间嵌有聚合单丝的胶膜制备出来,胶膜中只需要嵌入一根丝即可,因此相对较容易些,目前其成功率已经可以达到较高水平。

　　接下来,按照掩膜版上的标记与胶中的丝对准,对准后即进行光刻曝光,曝光参数为 200 mA,曝光 1 小时,然后显影,该过程中所遇到的最大问题是,由于胶膜较薄,较窄,属悬臂梁结构,极容易变形。另外,当嵌入聚合单丝后,为了丝的拉直,需要对丝施加拉力,当拉力去掉后丝的内应力会使丝收缩,导致光刻胶变形,甚至拉断,如图 5.23(a)所示,经过实验摸索,对施加于丝的拉力进行了优化,最终采用 0.75 kg 的拉力,刚好达到平衡,胶膜效果较好,如图 5.23(b)所示。实验中,为了确保胶膜的稳定,还采取了加厚单侧胶膜以及使用镍网来加固和消除内应力的办法,都有较好的效果,随着实验的逐步开展,对各方面的了解越来越多,对影响的因素逐渐可以加以控制,经过优化后,对于 0.3 THz 折叠波导微细结构,胶膜直接用固定力拉直嵌丝即可。

(a) 拉力较大   (b) 拉力调好

图 5.23　光刻、显影后胶膜

图胶膜准备好后,进行电铸,由于电铸面积减小,结构微小,采用的电铸参数也要相应进行调整,经过试验优化后的电铸参数如下表 5.1 所列,电铸后的结构和经过打磨抛光后的样品如图 5.24 所示,当打磨到胶平面之后,采用去胶工艺将 PMMA 光刻胶去掉。这样折叠波导微细结构即制备完成,待组装电子枪和收集极等部件后使用。

表 5.1　电铸参数

周期	正向参数				反向参数			
	脉宽/ us	周期/ us	工作时间/ ms	频率/ Hz	脉宽/ us	周期/ us	工作时间/ ms	频率/ Hz
第一组	50	1 000	100	1 000	50	1 000	10	1 000
第二组	100	1 000	100	1 000	100	1 000	10	1 000
第三组	150	1 000	100	1 000	150	1 000	10	1 000
第四组	200	1 000	100	1 000	200	1 000	10	1 000
第五组	150	1 000	100	1 000	150	1 000	10	1 000
第六组	100	1 000	100	1 000	100	1 000	10	1 000
第七组	50	1 000	100	1 000	50	1 000	10	1 000

图 5.24　0.3 THz 折叠波导电铸后样品

5.3　UV-LIGA 工艺制备 G 波段 0.22 THz 折叠波导

使用 UV-LIGA 方法制备 0.22 THz 折叠波导和集成级联折叠波导,在工艺上是一致的,只是集成级联折叠波导的嵌丝需要进行定位,要与所设计的掩膜版的位置一致,并且要考虑在光刻对准的时候的对位点。另外 UV-LIGA 与 LIGA 的工艺虽然在思路上接近,但在具体的工艺步骤上还是有很多的区别,UV-LIGA 制备 0.22 THz 折叠波导及其集成级联折叠波导的工艺流程如图 5.25 所示。

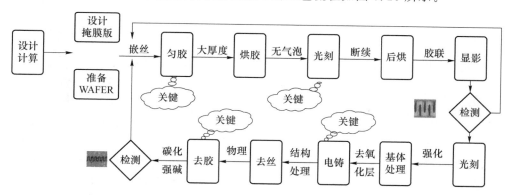

图 5.25　UV-LIGA 工艺流程图

从图中可以看出,UV-LIGA 技术制备折叠波导的工艺过程中有几个关键的步骤,包括匀胶、光刻、电铸和去胶。其中的大厚度 SU8 胶的匀胶和微细精密电铸工艺分别在 4.3.1 和 4.3.2 章节中进行了阐述,本节按照工艺流程对相关的工艺步骤进行详细的说明。

首先进行掩膜版的设计,考虑到在一块 4 英寸的无氧铜 wafer 上可以做几个 0.22 THz 尺度的高频结构,因此设计掩膜版时即考虑将单折叠波导和集成级联折叠波导结构都放在里边,最终设计的掩膜版如图 5.26 所示,掩膜版中包含两个单独的折叠波导和两个双注集成级联折叠波导。除此以外,掩膜版上还设计了对准标记,定位孔,曝光量测试图形等,掩膜版在实验过程中根据出现的各种问题,进行了多次的改版。

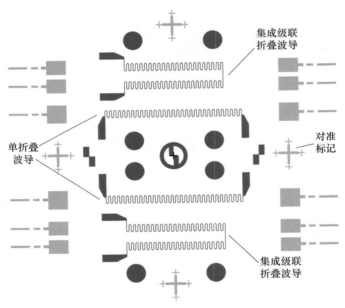

图 5.26 0.22 THz 掩膜版示意图

而后,准备无氧铜 wafer,折叠波导基体 wafer 采用精密数控慢走丝线切割机制造的无氧铜片作为微结构的基体材料,wafer 直径 $\phi100$ mm,厚度 3 mm,微结构将经过电铸后成型于该 wafer 基底上,整体均为金属结构,具有优良的强度、导热和导电性能。基体 wafer 要两面使用 SiC 基的砂纸进行逐级研磨,先后使用 200♯,300♯,500♯,600♯砂纸;研磨后在 MTI UNIPOL—1202 研抛机上进行研抛,研抛剂粒度逐级减小,从 20 μm、9 μm、3 μm 到 1 μm,转速控制在 60 r/min 以内,防止无氧铜表面发热氧化。研抛后用去离子水进行清洗,抛光的表面非常重要,表面光洁度需达到 Ra0.05,平整度要达到 7 μm($\phi100$ mm)以内,否则会对后续的光刻紫外光产生散射效应,影响光刻的精度,研抛后的 wafer 如图 5.27 所示。

另外,研抛后的 wafer 需要进行表面处理,先用用氨水和过氧化氢混合溶液进行表面腐蚀处理,溶液的配比为 100∶10∶10,即 100 ml 水中加入 10 ml 氨水和 10 ml 过氧化氢,再用 25% 的稀盐酸溶液进行处理 10 分钟,取出后用去离子水清洗,氮气风干,在 70 ℃ 热台上加热烘烤以去除水汽,然后在氢气炉中进行退火还原,以保证后续电铸工艺母材的纯净,否则电铸后铜的含气量会非常大,致密度也不好。

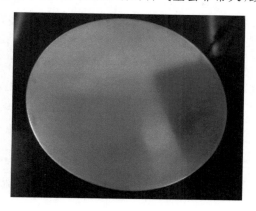

图 5.27　研抛后的无氧铜 wafer

接下来是嵌丝和匀胶工艺,主要是按照掩膜版设计的位置要求,使用定位夹具将丝固定在 wafer 上,安放好 PDMS 模具,滴入定量的 SU8—2150 光刻胶,先用低速匀胶,待胶均匀铺平后,放在热板上烘胶,以 1.5 ℃/min 升到 65 ℃,保温 30 分钟,然后以 2.5 ℃/min 升到 95 ℃,保温 10 小时,而后以 1.5 ℃/min 降到室温,示意图如图 5.28 所示,为了降低 SU8—2150 的黏度,使胶表面平整,在表面滴加 1 ml 环戊酮溶液。

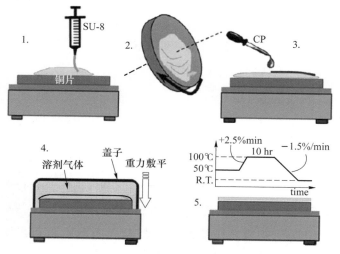

图 5.28　滴胶和匀胶过程示意图

光刻胶膜在烘好之后,进行光刻,实验中使用的光刻机是 ABM 深紫外双面对准光刻机,该光刻机 I-line 的曝光能量密度为 13.5 mJ/cm²,通过表 5.2 和表 5.3 可以估算出当在无氧铜基体上的 SU8—2150 光刻胶的厚度为 0.75 mm 时,曝光总量大约需要 2 000 mJ/cm²,曝光时间大约需要 150 秒,曝光过程中考虑到胶膜较厚,持续的曝光不利于 SU8 胶内部的酸化等交联反应,故采取间断曝光的方法,即曝光 30 s、冷却 15 s,这样的过程使得 SU8 胶曝光区域充分反应,获得良好的胶膜结构。光刻后需要进行后烘,用以充分的坚固曝光的胶膜,采用从室温以 1 ℃/min 升到 65 ℃,保温 10 分钟,然后以 2.5 ℃/min 升到 95 ℃,保温 60 分钟,然后以 1 ℃/min 降到室温,缓慢的升降温可以充分释放胶膜内的应力,使微结构的变形减至最小。

表 5.2　曝光剂量

厚度(μm)	曝光能量/(mJ/cm²)
100～150	240～260
160～225	260～350
230～270	350～370
280～550	370～600

表 5.3　不同基体的曝光剂量

Wafer	Relative dose
Silicon	1 X
Glass	1.5 X
Pyrex	1.5 X
Gold	1.5 - 2 X
Aluminum	1.5 - 2 X
Copper	1.5 - 2 X
Nickel	1.5 - 2 X
Titanium	1.5 - 2 X

光刻、后烘之后是显影过程,显影使用 SU8 - Developer (99% PGMEA MicroChem Corp)溶剂中,放在往复运动的槽中,无氧铜片上下运动,以利于底部的胶显影干净,有时会根据情况进行低频超声,以促进显影,显影时间为 50～70 分

钟,显影后的结构如图 5.29 所示。为了强化胶膜,在紫外光下再曝光 15 秒。

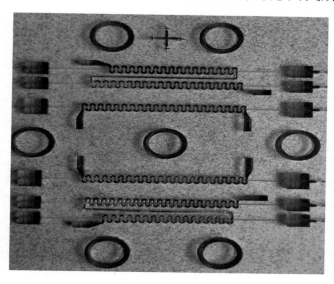

图 5.29 显影后的光刻胶图形

胶膜制备好之后使用台阶仪对其高度进行一下检测,检测结果如图 5.30 所示,胶膜的高度约为 780 μm,与设计的要求基本一致,比要求的高度略微高点是所希望达到的,因为电铸后需要进行打磨抛光,会略微去掉一点胶膜,在此进行一点补偿。

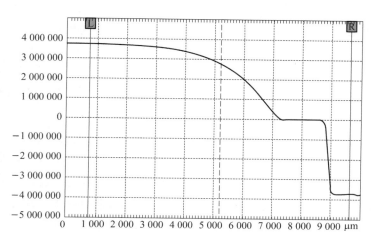

图 5.30 胶膜高度测试图

然后在进行精密深度电铸之前,对基体和胶膜进行一些预处理,主要是采用等离子体刻蚀工艺对胶膜的底部进行刻蚀,并将残留的光刻胶去除干净,而后进行电铸工艺。

电铸液采用硫酸铜体系的电铸液,配方如表 5.4 所示,这个配方是经过多次优化并对电铸样品经过分析后确定的,添加剂采用 JGB(Janas Green B),JGB 是一种呈深棕色结晶性粉末,溶于水呈蓝色,微溶于醇,常用作线粒体专一性活体染色剂,以及铜的电镀添加剂,有利于铜的晶粒的细化。

表 5.4　硫酸铜电铸液配方

成　分	化学分子式	含　量
硫酸	H_2SO_4	200 g/L
硫酸铜	$CuSO_4 \cdot 5H_2O$	70 g/L
氯化铜	$CuCl_2 \cdot 2H_2O$	100 mg/L
添加剂	JGB	2.0 ppm

另外,电铸电源是精密深度微细电铸的另一个重要的方面,我们在不断实验的基础上,先后使用了直流电源、脉冲电源和数控双脉冲电铸电源,最后使用的数控双脉冲电铸电源电铸的效果最好。

对于直流电源,电铸只有一个参数——电流或电压可供调节,电铸的效果是均镀能力很差。

对于脉冲电源,参数有脉冲电流密度(或峰值电流密度)、脉冲导通时间和脉冲关断时间三个独立的参数,在脉冲导通期内,峰值电流相当于普通直流电流(或平均电流)的几倍甚至十几倍。高的电流密度所导致的高过电位使阴极表面吸附原子的总数相当高于直流电沉积,其结果使晶核的形成速率远远大于原有晶体的生长速率,从而形成具有较细晶粒结构的沉积层,镀层结晶细致则密度大、硬度高、孔隙率低;在脉冲关断期内,高的过电位使阴极附近金属离子以极快的速度被消耗,当阴极界面浓度为零或很低时,电沉积过程进入关断期。在关断期内,金属离子向阴极附近传递从而使扩散层浓度得以回升,而扩散层金属离子浓度的回升,又有利于下一个脉冲周期使用较高的峰值电流密度。因此,脉冲电铸过程中,当电流导通时,电化学极化增大,阴极区附近金属离子充分被沉积;当电流关断时,阴极区附近放电离子又恢复到初始浓度,浓差极化消除,并伴有对沉积层有利的重结晶、吸脱附等现象。这样的过程周期性地贯穿于整个电镀过程的始末。

对于数控双脉冲电铸电源在单脉冲电铸电源的基础上,具有更多的优越性:

（1）反向脉冲可有效改善镀层的厚度分布，镀层厚度更均匀，整平性更好。

（2）反向脉冲的阳极溶解使阴极表面金属离子浓度迅速回升，这利于下一个阴极周期使用高的脉冲电流密度，又使得晶核的形成速率大于晶体的生长速率，镀层致密度进一步提高。

（3）反向脉冲的阳极剥离使镀层中有机杂质（含添加剂）的夹附大大减少，因而镀层纯度更高。

（4）反向脉冲电流使镀层中夹杂的氢发生氧化，从而可消除氢脆以及减小内应力。

（5）周期性的反向脉冲电流使镀件表面一直处于活化状态，因此可得到结合力好的镀层。

（6）反向脉冲有利于减薄扩散层的实际厚度，提高阴极电流效率，因此合适的脉冲参数会使镀层沉积速度进一步加快。

我们在不断改进电铸电源的基础上，对电铸的参数不断进行优化，取得了良好的电铸效果。总之，精密深度微细电铸过程是 UV-LIGA 工艺的一项核心技术，在折叠波导的制备过程中，很大一部分时间都在研究电铸的工艺，从基础学起，逐步达到了能够电铸出理想的折叠波导微细结构，电铸出的样品如图 5.31 所示，该样品电铸了两周时间，还没有经过打磨、研抛。

图 5.31　电铸后的样品图

电铸工艺结束后要对电铸样品进行打磨和研抛，先使用机制造的方法，利用铣床，去除周边和电铸过高的部分，而后使用磨床进行磨削，磨削到接近于胶表面时，约 0.5 mm 时改用精密研抛机来进行研抛，实验中使用德国 FEE 精密研抛机进行研抛，研抛机如图 5.32 所示。

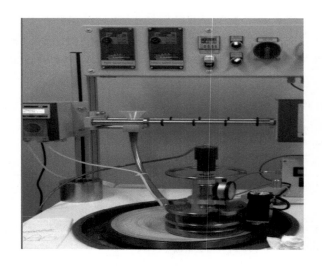

图 5.32　精密研抛机

研抛过程中,先使用 20 μm 的研磨粉,而后逐级减低,直至 1 μm,而后再采用 50 nm 抛光剂进行抛光,确保电铸件的平整度及平行度以及高度。研抛后的样品如图 5.33 所示。

图 5.33　研抛后的折叠波导样品

电铸抛光后,需要将聚合单丝去除掉,该步工艺中,由于聚合单丝被包裹在无氧铜中,抽出时为了防止结构变形,在热板上加热到 70 ℃,大约使用 60 MPa 的拉力将丝慢慢抽出,丝会受热伸长直径减小,大约减小 15%,因为有光刻胶在保护微结构,所以不会影响微结构的精度。

下面的工艺是去除光刻胶,SU8 胶曝光后很难去除,通常的做法是利用 SU8 专用去胶剂溶胀剥离光刻胶层,通常是将基片浸入 85 ℃去胶剂中加热一段时间,辅以适当拭擦来加快去胶的速率。但是,溶剂去胶工艺只适用于低度交联、高宽比较小的敞口微结构,高度交联的 SU8 很难用溶剂去除。如果使用强氧化性酸溶液、等离子灰化、反应离子刻蚀、激光剥离以及热裂解等工艺,都需要考虑,不能损坏无氧铜基体,本实验中主要采用了两种方法来去胶:

第一种,在氢炉中加热使其碳化,碳化后用超声波进行清洗,这种方法可以达到部分去除光刻胶的效果,有时会出现光刻胶残留现象,碳化的黑胶牢牢的粘在结构中,超声波清洗也很难去除干净,辅以等离子灰化、在 $SF_6 + SiCH_4$ 混合气体刻蚀以及激光剥离的方式可以去掉残留的炭灰,但该过程非常复杂,并且对基体无氧铜有损伤;

第二种,是采用化学方法去胶,在碱性溶液中,使用 $NaNO_3$ 和 KOH 的混合溶液,将带有 SU8 胶的无氧铜基体浸泡在溶液中大约 10 分钟,即可将 SU8 胶去掉,此时无氧铜的表面会有所氧化,尤其是当无氧铜从溶液中拿出时,遇到空气迅速氧化,此时的温差变化对微结构的影响巨大,使微结构变形,这个工艺可以去除 SU8 胶,但需要在防止氧化和变形方面,再进行深入的研究。

经过大量的实验,综合采用上面的去胶方法,首先使用在氢炉中加热使其碳化,碳化后用超声波进行清洗,对于残留的碳化黑胶,使用 $SF_6 + SiCH_4$ 以及 $CHF_3 + O_2$ 混合气体 RIE 刻蚀,功率选择 100 W,刻蚀时间 5 min,停 3 min,以防止过热,总刻蚀时间约 30 分钟,即可将光刻胶干净的去除掉。最终获得了良好的微结构,微结构的表面光洁度经测试约为 Ra0.03,满足设计的要求,测试结果如图 5.34 所示。

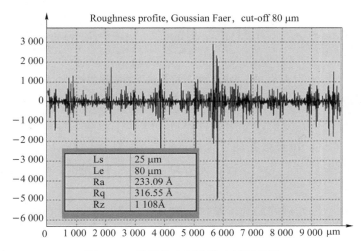

图 5.34 微结构表面光洁度测试结果

去胶之后即可以采取焊接工艺将折叠波导封接成密闭的结构,经过后续的线切割等,将电子枪和收集极组装成整管。

对于第二种方案,即分两次嵌丝,形成两个带有电子注通道的结构,而后经过定位进行焊接组成一个整体的方案,实验也同时开展了这方面的工作,由于该方案与中间嵌丝方案在工艺过程中的区别并不是很大,而且相对来说,UV-LIGA 的工艺过程更容易做了,将折叠波导制备的难点进行了分解,即后续对准和焊接工作的难度加大了,而中间嵌丝的方案,其整体结构是非常好的,当然难度集中,挑战也大。经过大量的实验,基本上可以采用第一种方式实现折叠波导高频结构的制备。

5.4 DRIE 工艺制备 1.03 THz 折叠波导

采用 DRIE 深刻蚀工艺技术方法,本项目实施的技术实验方案如下图 5.35 所示,详细过程如下:

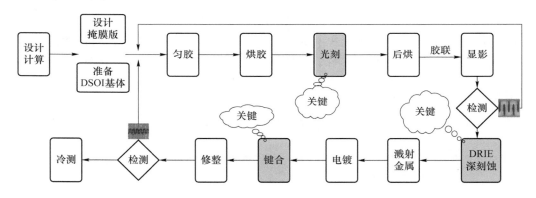

图 5.35 DRIE 加工折叠波导技术路线图

过程如下:

第一步,采用掩膜版设计专用软件(L-EDIT),按照经设计计算给出的折叠波导几何结构尺寸设计掩膜版并加工制作;

第二步,准备硅片,需要进行表面处理,包括研磨、抛光、煮酸、碱洗、清洗等步骤;

第三步,在已经处理好的硅片基体上热氧化制备二氧化硅阻挡层,以备后面刻蚀窗口使用;

第四步,匀胶、烘胶,此步骤中要确保匀胶的厚度满足后续刻蚀所需要的掩膜厚度,胶结构中不能有气泡,因为刻蚀的厚度较大需要厚胶工艺,大厚度胶的烘烤要不能有内应力产生;光刻板如图 5.36 所示。

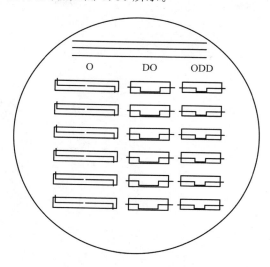

图 5.36　设计的掩膜版

第五步,显影工艺,由于胶会较厚,显影时间会较长,需要制作一个小型周期震荡仪器,确保显影的充分性;

第六步,显影后的片上具有了掩膜,经过 RIE 去除二氧化硅,露出窗口,而后进行 DIRE 深刻蚀工艺,刻蚀到一定程度后停止;

第七步,检验刻蚀的深度及其他尺寸后,重复前面的第四步至第六步,涉及套刻对准的精度,将电子注通道窗口及折叠波导窗口全部露出来,进行 DRIE 同步深刻蚀;由于深宽比较大,需要对刻蚀工艺进行反复摸索,探索出适合的加工工艺参数,对于电子注通道需要进行很好的设计和工艺组合;

第八步,刻蚀一片后,按照同样的工艺再刻蚀出上层结构,而后将刻蚀好的硅片进行溅射金层;刻蚀的表面形貌如图 5.37 所示,断面的形貌如图 5.38 所示。

第九步,将前面溅射好金的晶圆进行键合,该步工艺主要是气密性键合;探索合适的工艺参数进行键合,既要确保键合的强度又要确保键合的气密性;溅射的表面如图 5.39 所示。

第十步,将键合后的晶圆进行划片,分割后将高频电路结构能够满足后续测试及组装的需求。

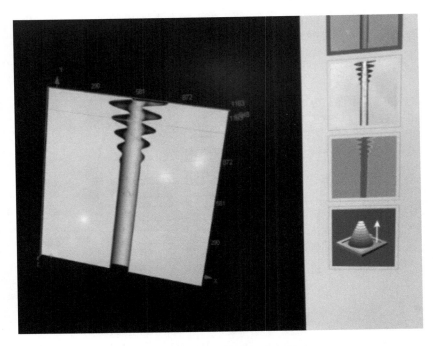

图 5.37　太赫兹折叠波导表面刻蚀实验结果

图 5.38　太赫兹折叠波导断面刻蚀实验结果

图 5.39　太赫兹折叠波导晶圆镀金实验结果

参考文献

[119]　韩哲文.高分子化学[M].上海:华东理工大学出版社,1994.

[120]　马礼敦,杨福家.同步辐射应用概论[M].上海:复旦大学出版社,2001.

[121]　上海轻工业专科学校.电镀原理与工艺[M].上海:上海科学技术出版社,1978.

[122]　《电镀手册》编写组.电镀手册[M].北京:国防工业出版社,1977.

[123]　L.I.安特罗波夫.理论电化学[M].北京:高等教育出版社,1982.

[124]　上海轻工业专科学校.电化学[M].上海:上海科学技术出版社,1978.

[125]　田扬超,胡一贯,刘泽文等.同步辐射 x 射线光刻应用新领域一 LIGA 技术[J],原子能科学与技术,1994,28(4):304-307.

[126]　王彦,史国芳.聚酰亚胺的发展和应用[J].航空材料学报,1994,(03):1-2.

[127]　HermanWiniek. Synehrotron Radiation Researeh, NewYork, Plenum Press, 1980 :11-25.

[128]　E. Tang, et al. New LIGA exposure source in China, Microsystem Technologies, 1998, (4): 58-60.

[129]　Jin Peng, Jiang Kyle, Sun Nianjun. Microfabrication of ultra-thick SU-8 photoresist for microengines[C]. Micromachining and Microfabrication Process Technology VIII. San Jose,CA, 2003:105-110.

[130]　Su8 datasheet,MieroChemCorp.

[131]　Min-Chiech Chou, et al, Microcomposite elet alroforming for LIGA

technology，HARMST'99，Book of Abstract. 13 - 15，June 1999，Kisarazu，Japan.

[132] B. Lochel，et al，Fabrication of magnetic microstructures by using thick layer resists，Microelet alronic Engineering. 1993，(21)：463 - 466.

[133] Peter Bley，et al，Description of microstructures in LIGA technology，Microelet alronic Engineering，1991，(13)：509 - 512.

[134] W. W. Borner，et al，Movable microstructures made by a sub-micron LIGA process. Microsystem Technologies，1996，(2)：149 - 152.

[135] W Danian，et al，Fabrication of an elet alrostatic wobble micromotor using deep-et alh UV lithography，nickel elet alroforming and a titanium sacrificial layer，J. Mocromech. Microeng，1995，(5)：270 - 275.

第6章 折叠波导制备工艺实施结果分析

  超精密电火花线切割制造工艺在行波管等真空电子器件的零部件制造中是普遍使用的工艺,其所能达到的精度在±5 μm,表面光洁度在 Ra0.1 以上,这由使用的电极丝和切割的次数即可以达到要求的指标。

  而对于使用 LIGA 和 UV-LIGA 工艺制备的折叠波导高频结构,由于结构的成型是使用电铸的方法制造的,这就对电铸铜的成分、金相、含氧量、致密度等方面是否满足真空电子器件对铜的要求,提出了质疑。基于上述的考虑,本章主要对制备的折叠波导高频结构进行相应的检测和分析。

6.1 精度检测

  对使用 UV-LIGA 工艺制备的 0.22 THz 折叠波导和使用 LIGA 工艺制备的 0.3 THz 折叠波导进行了精度检测。LIGA 和 UV-LIGA 工艺制备后的折叠波导,在氢炉中经 850 ℃退火处理,以消除电铸工艺过程中产生的内应力。图 6.1 是采用 UV-LIGA 工艺制备的 0.22 THz 折叠波导的第 20 号样品,图 6.2 是采用 LIGA 工艺制备的 0.3 THz 折叠波导的第 4 号样品。20 号样品检测结果如图 6.3 所示;4 号样品检测结果如图 6.4 所示,检测结果与设计的误差均在±5 μm 以内。

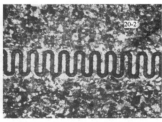

图 6.1　0.22 THz 折叠波导样品

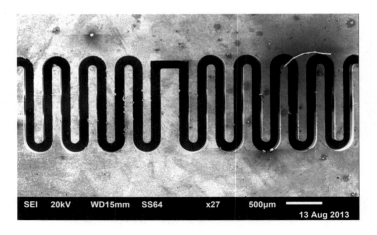

图 6.2　0.3 THz 折叠波导

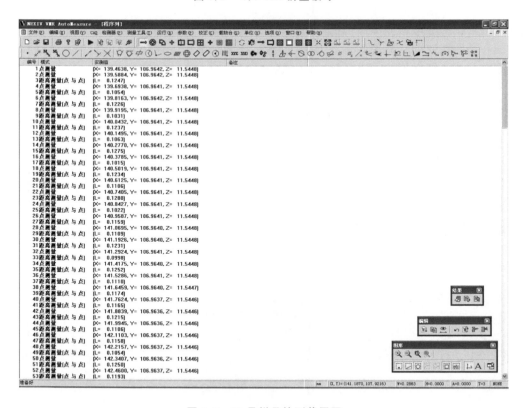

图 6.3　20 号样品检测截屏图

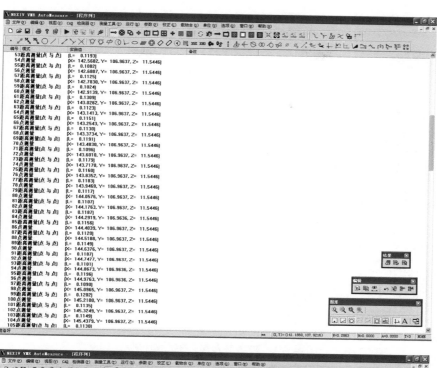

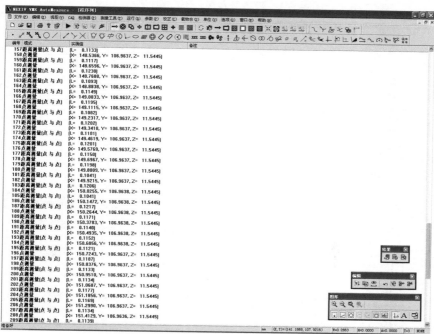

图 6.3　20 号样品检测截屏图(续)

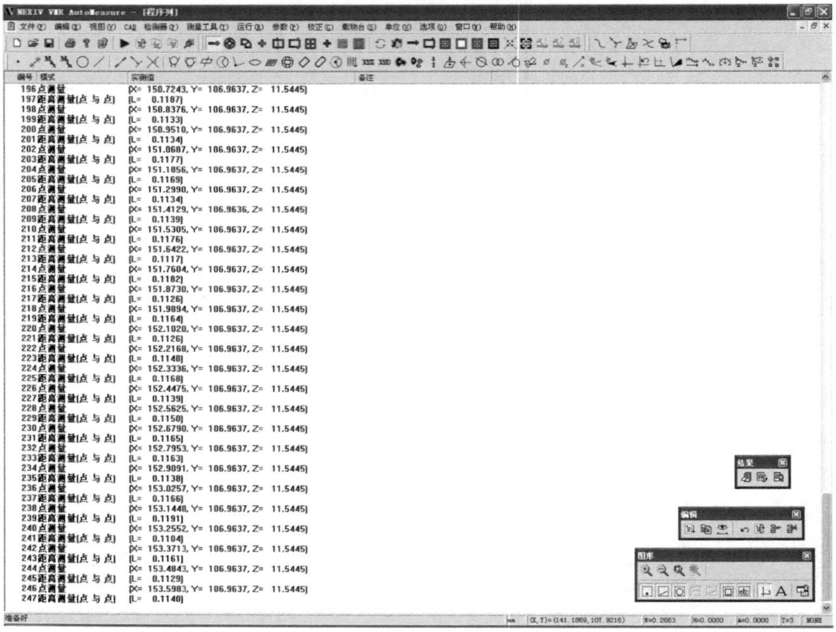

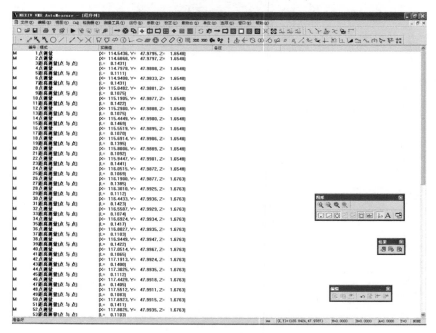

图 6.3　20 号样品检测截屏图(续)

图 6.4　4 号样品检测截屏图

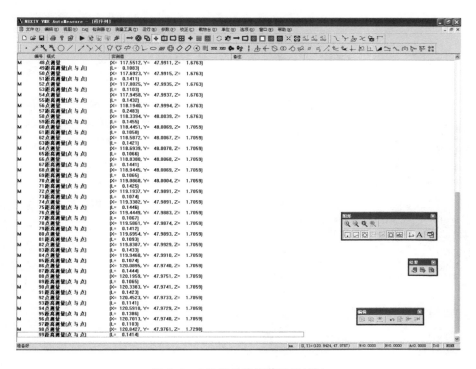

图 6.4　4 号样品检测截屏图(续)

　　对精度检测,所采用的仪器是 NiKon 公司先进的高速、高精度、直线电机型 iNEXIV VMA-2520 自动对焦测量仪,测量软件是 VMA AutoMeasure 智能测量系统,如图 6.5 所示。

图 6.5　折叠波导检测所使用仪器

6.2　成分分析

图 6.6　分析中使用的扫描电镜

电真空器件对无氧铜材料的成分要求很严,尤其是对于无氧铜中 S、P 的含量,当器件工作时热量使得材料中的 S、P 蒸发出来,会使电子枪中的阴极中毒,发射不出电子,因此对 S、P 的要求小于千分之三。这一点也是采用 LIGA 和 UV-LIGA 方法制备折叠波导高频结构实验所需要证明的,因为电铸液中既含有 S 也含有 P 的成分,S 和 P 是否会随电铸过程沉积到电铸铜中,这需要进行成分分析。针对这种情况对所使用的不同电铸液电铸的铜进行了扫描电镜能谱分析,使用分析仪器为 JEOL 公司的 JSM - 6510 扫描电镜分析仪,如图 6.6 所示。图 6.7 是硫酸体系电铸铜的能谱图,成分分析中没有 S 和 P 的成分,氧的含量较高,是因为样品表面氧化所致。对磷酸体系电铸液和硫酸体系电铸液的电铸铜进行了线扫描,结果如图 6.8 所示,磷酸体系的电铸铜中含碳量明显高于硫酸体系。

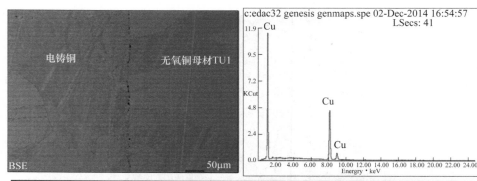

Element	Wt%	At%
OK	00.42	01.66
CuK	99.58	98.34
Matrix	Correction	ZAF

图 6.7　硫酸体系电铸铜能谱图

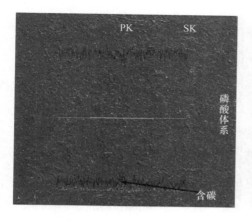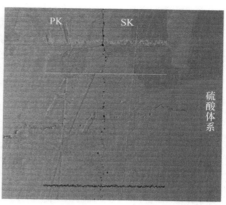

图 6.8　磷酸体系和硫酸体系电铸铜线扫描图

从上面的扫描电镜图中可以看出,磷酸体系电铸液电铸铜与母材之间的结合非常好,没有明显的分界面,而硫酸体系的电铸液与母材之间的结合有明显的孔隙,大小约 2 μm,分界层很清晰,通过采用数控双脉冲电铸电源,并对电铸参数进行优化后,可以得到致密的结合部。

6.3　金相分析

真空电子器件对使用的无氧铜的金相有着严格的要求,主要是按照无氧铜金相分析标准(YS/7335—94)来检测[108],即将待验样品,经抛光后在氢气中加热到820~850 ℃,保温 20 min,取出冷却后,用 200 倍显微镜在明场下观察其表面的裂纹,来确定无氧铜是否合格,实验表面裂纹可分为六级:

1 级:晶界无裂纹;

2 级:晶界有个别裂纹;

3 级:晶界有局部不连续的裂纹;

4 级:晶界有连续的裂纹;

5 级:晶界有严重裂纹;

6 级:晶界有很严重裂纹;

1、2、3 级为合格品,4、5、6 级定位不合格,1、2 级评级图见图 6.9 所示。

根据该评级检验标准,对使用硫酸体系电铸液的无氧铜进行了金相分析,如图 6.10 所示,图中左侧为电铸铜,右侧为无氧铜母材,可以看出两侧的金相结构没有差别,晶界处没有裂纹,达到了 1 级无氧铜的标准,可以应用于真空电子器件折叠波导高频结构的制备。

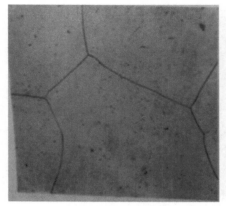 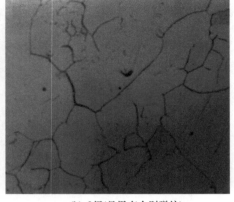

(a) 1级(晶界无裂纹)   (b) 2级(晶界有个别裂纹)

图 6.9　无氧铜金相评级图

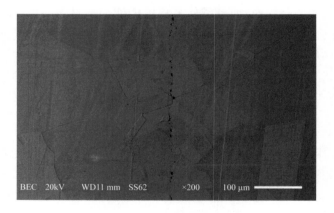

图 6.10　电铸铜金相 SEM 图

参考文献

[136]　廖复疆.真空电子技术:信息化武器装备的心脏[M].北京:国防工业出版社,2008.

[137]　中华人民共和国冶金工业部,部标准,电真空器件用无氧铜金相检验法,YS/7335—94.

[138]　刘盛纲.太赫兹科学技术的新发展[J].中国基础科学,2006(1):7-12.

[139]　王明红,薛谦忠,刘濮鲲.太赫兹真空电子器件的研究现状及发展评述[J].

电子与信息学报,2008,30(7):1766 - 1772.

[140]　袁明文.太赫兹波的几个基本问题[J].微纳电子技术,2009(5):257 - 262.

[141]　黎燕林,薛谦忠,杜朝海,郝保良.修正的频域有限差分法在二维金属光子晶体分析中的应用[J].物理学报,2010,59(4):2556 - 2563.

[142]　李含雁,冯进军,白国栋.DRIE 技术制造 W 波段行波管折叠波导高频结构的研究[J].中国电子科学研究院学报,2011(4):427 - 431.

[143]　蔡军,冯进军,胡银富等.W 波段行波管及卫星通信系统应用前景[J].空间电子技术,2013,04:6 - 9.

[144]　马天军,郝保良,刘濮鲲.基于 SU8 厚胶制备折叠波导的工艺研究[J].电制造与模具,2014,S1:45 - 49.

[145]　颜胜美,苏伟,王亚军等.0.14 THz 基模多注折叠波导行波管的理论与模拟研究[J].物理学报,2014,23:399 - 408.

[146]　姚建铨.基于光子、光子学及非线性光学的太赫兹(THz)辐射源[C],中国电子学会太赫兹专家委员会成立大会暨第一次学术会议,北京,2006.

[147]　马天军,孙建海,谢波,刘濮鲲.紫外激光微制造玻璃微通道工艺技术[C].第十三届全国敏感元件与传感器学术会议论文集,557 - 561,太原,2014.

[148]　Ma Tianjun, Sun Jianhai, Hao Baoliang, et. Microfabrication of folded waveguide using UV-LIGA for 220 GHz traveling wave tube. High Power Laser and Particle Beams,2015,27(02):1 - 5.

[149]　Sun Jianhai, Ning Zhangwu, Ma TianJun, et. High performance integrated micro-fabricated pre-concentrator based on MEMS. High Power Laser and Particle Beams,2015,27(02):131 - 138.

[150]　Y L Li, Q Z Xue, C H Du. Two-Dimensional Metallic Photonic Crystal with Point Defect Analysis Using Modified Finite-Difference Frequency-Domain Method[J]. Journal of Lightwave Technology,2010,28(2):216 - 222.

[151]　Booske J H, Converse M C, Kory C L, et al. Accurate parametric modeling of folded waveguide circuits for millimeter-wave traveling wave tubes[J]. IEEE Trans on Electron Devices,2005,52(5):685 - 694.

[152]　Yang Wenyuan, Dong Zhiwei, Dong Ye, et al. Linear analysis of folded waveguide tube in terahertz band[J]. High Power Laser and Particle Beams,2014,26(8):083104.

[153]　M A. Basten, J C. Tucek. A 0.85 THz Vacuum-Based Power Amplifier [J]. IEEE 2012:39 - 40.

[154]　D K. Abe, J P. Calame, C D. Joye, et al. Millimeter-wave and sub-

millimeter-wave vacuum electronics amplifier development at the US Naval Research Laboratory [C]. Terahertz, RF, millimeter and submillimeter-wave technology and applications VI. 9780819493934 (8): 86240H1 - 8.

[155] Calame J. P, Cook A. M, Joye C. D, et al. Dielectric, Serpentine, and Loaded-Helix Slow Wave Structures for W-Band Traveling Wave Tubes [J]. IVEC. 2014. 6857550: 181 - 182.

[156] Nguyen K. T, Vlasov A. N, Ludeking L, et al. Design Methodology and Experimental Verification of Serpentine/Folded- Waveguide TWTs[J]. IEEE Trans. Electron Devices, 2014,61(6):1679 - 1686.

[157] Vlasov A N, Chernyavskiy I A, Levush B, et al. Dispersive properties of serpentine and folded waveguide circuits [C]. PLASMA. 2013. 6634873: 1.

[158] Joye C D, Cook A M, Calame JP, et al. Microfabricated high power millimeter wave amplifiers at G-band[C]. IRMMW-THz. 2014. 6956453: 1 - 2.

[159] Ramirez-Aldana J L, Begum R, Grant T, et al. RF circuit design for 700W CW Ka-band coupled-cavity TWT[C]. IVEC. 2012. 6262100: 123 - 124.

[160] Cusick M, Begum R, Gajaria D, et al. Wide band Ka-band Coupled-Cavity Traveling Wave Tube (CCTWT) development[C]. IVEC. 2012. 6262140: 225 - 226.

[161] Shin Y M, Baig A, Barnett L R, et al. System design analysis of a 0. 22 THz sheet-beam traveling-wave tube amplifier[J]. IEEE Trans on Electron Devices, 2012, 59(1):234 - 240.

[162] A V. Aksenchyk, A A. Kurayev, I F. Kirinovich. Folded Waveguide TWT Frequency Characteristics in the Range 600-3000 GHz[C], IVEC. 2010: 461 - 462.

[163] Tucek J C, Basten M A, Gallagher D A, et al. 220 GHz folded waveguide circuits for high power amplifiers[C]. IVEC. 2009: 108 - 109.